一流主管教科書

不要菁英，用平凡人做非凡事！

出口治明

前言

將不同的工作委派給適任的人才，公司才會成長！

我是個老闆，也是個笨蛋 拋開地位與職稱，讓專業說話

不論是現在的員工，或是之前日本生命保險公司（＊譯注：即日本生命保險相互會社，創立於一八八九年）的下屬，都常常目瞪口呆地對我說：

「出口先生眞是個笨蛋啊！」（笑）

我是 Lifenet 生命保險的董事長兼 CEO，換句話說就是「公司的高層」。然而，我的員工卻完全不把所謂的「職場階級」放在心上，經常有二十多歲、甚至三十多歲的年輕職員，直言不諱地批評我這個六十多歲的 CEO：

「出口先生，你搞錯了！」「出口先生，你剛才在說什麼啊？」

爲什麼員工這麼「沒大沒小」，我卻可

希望業績持續成長，就要借助他人之力

✕ 如果自己一肩扛下的話

一個人絕對不可能完成那麼多工作

◎ 信任下屬，合理分配工作

將工作委派給適任的人，公司才會成長

以一笑置之呢？

對於 Lifenet 生命保險的網路宣傳、廣告、行銷策略等，我一向不過問。有一次行銷部門提出新企畫，要求我在廣告中模仿搞笑藝人，我也乖乖照辦。

爲什麼我會對下屬如此「言聽計從」呢？

這是因爲，我一向深信：

- 最重要的是消弭人與人之間的隔閡，不論性別、年齡或國籍。
- 唯有將不同的工作委任給合適的人才，公司才會成長。

位階較高的人，如果變成了「穿新衣的國王」，不願接受下屬建議，那麼整個組織就會趨於同質化。一旦組織同質化，最終勢必會隨著時代變遷而敗亡。

此外，我這麼做並非自我貶低，而是出於深刻的自覺：「出口治明是個平凡人。」

既沒有天才，也沒有笨蛋。所有人都一樣「平凡」。

我信仰「眾生平凡主義」。

簡單來說，就是認爲「人類並非無所不能」、「這世上既沒有特別聰明的天才，也沒有特別笨的蠢才，大家都一樣平凡」。

既然人類不是神，那麼，就算多少有些優劣之分和高下之別，彼此之間也不會有太大的差異。不論是董事長、高階主管或是一般職員，全都一樣「平凡」。再怎麼優秀的人，也不可能戰無不勝。

如此「平凡的自己」，能做的事情有限。

即使想要完成某件事，只有自己一個人的話，就什麼也做不了。

每個人的能力和時間有限，不可能全都擁有。所以，爲了促使公司成長，就必須借助他人的能力。

正因如此，必須把工作交辦出去。正因如此，需要打造一個能夠互補的團隊。

我在不同場合演講時，經常被問到這類問題：

「出口先生您明明待過典型的大企業……明明是在金融業這種中規中矩的行業工作……明明已經是六十多歲的人了……想法卻還是很靈活呢！您是怎麼辦到的呢？」

原因很簡單：**我相信每一個員工，並且把工作交辦給他們。**這就是領導者／上司／管理者的成功訣竅。這是我從人群、從書籍、從旅行中所學到的。

「**管理者**」的工作，就是「知人善任」。要能洞悉現在風往哪個方向吹，社會往什麼方向在改變，然後將工作委任給能夠適應變化的人才，這正是管理的本質。

那麼，要如何知人善任呢？要如何將不同的工作委派給適任的人呢？

答案就在這本書裡。

如何善用人才、如何交辦工作、如何相互配合，才能打造出強大的團隊呢？期盼各位能夠藉由本書思考這些重要的問題，並且找出一些可能的線索。

Lifenet 生命保險

董事長兼 CEO　出口治明

不要菁英，用平凡人做非凡事！一流主管教科書

目錄

第1章 一流的組織！要知人善任

善用多元的人才，達成一致的目標

CONTENTS

第2章

一流的主管！不推卸責任

做正確的事，而非正確地做事

第3章

一流的團隊！不超時工作

不要菁英，用平凡的人做非凡的事

CONTENTS

第4章 一流的公司！要信任專業 只有不適任主管，沒有不適任部屬

第1章

一流的組織！善用多元的人才，達成一致的目標

① 成為好主管的第一步：瞭解自身能力極限

能夠仔細指導的部屬最多只有二至三人

如果想要「仔細地逐一確認每個部屬的工作」，就不可能成爲好主管。原因在於——說得極端一點——人類並非無所不能。

這裡所說的「人類」，指的不是部屬，而是主管。

即使是再優秀的主管，能夠悉心指導的部屬最多也只有兩到三個人。如果想要做到「針對部屬的工作細節一一給予建議」的話，管理二至三人已是極限。

如果身爲主管的人，不明白這個道理：

- **人類並非無所不能。**
- **最優秀的主管，頂多也只能直接指導二至三名部屬。**

仍然堅持親自管理所有員工，那麼，團隊就不可能順利運作。

或許有人會說：「沒這回事！我的旗下超過五個人，但是我對他們的一舉一動仍然瞭若指掌。」若眞是如此，更令人擔憂——這樣的團隊，**極有可能逐漸變成一個扭曲的組織。**

不需要仔細地逐一確認部屬的工作

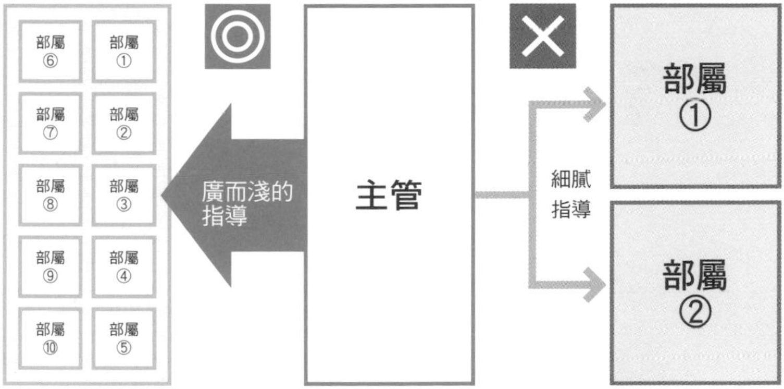

想要一對一給予指導，二至三名部屬已是極限。
一旦部屬人數增加，就要以「廣而淺」的方式管理。

再次重申：主管能夠親自悉心指導的部屬，最多就是二至三人。一旦超過這個人數，便無法好好管理。這樣一來，對於那些無法仔細照料的部屬，就只能仰賴他們提交的報告來判斷他們的工作狀況了。

然而，**若是只能根據部屬提交上來的報告內容，絕對不可能做出正確的判斷**——可想而知，部屬只會提出「主管愛聽的報告」，也就是虛應故事的客套話。

我在日本生命保險公司首次擔任管理職時，部屬只有一位。

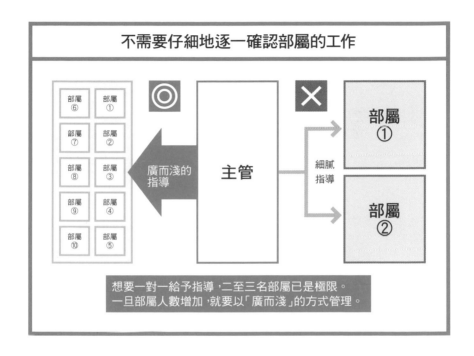

當時我心想：「必須好好地手把手教他。」對他付出很多心力。可是，隨著部屬的人數越來越多，我開始思考：「若是每個人都仔細指導的話，時間根本不夠。得想個辦法才行。」於是我決定：不再對每個部屬都那麼「用力」。

能夠顧好「這十個人」你就可以領導一萬個人！

只要「細分工作的程序，並且不過分干預」，就可以輕鬆管理十到十五名部屬。

第五代蒙古大汗忽必烈所率領的蒙古軍團，之所以能成為「最強的軍事組織」，就是因為懂得分權管理，將統率士兵的工作委任給各隊的隊長。

請看下一頁，這是簡化的蒙古大軍組織圖。

蒙古帝國的組織以十人爲一隊，隊長稱爲十戶，其上則有百戶、千戶、萬戶、十個萬戶等。每位萬戶（統率一萬名士兵）底下有十位千戶（統率一千名士兵），每位千戶底下有十位百戶（統率一百名士兵），每位百戶底下則有十位十戶（統率十名士兵）……分層負責，井然有序。

換句話說，不論是哪一個層級的隊長，他所直接管理的部屬都是十人。

像這樣以十人為一個單位，清楚畫分各隊隊長的管理權限，就能輕鬆統御龐大的蒙古軍團。

一流主管這樣做

POINT 分層負責

1. 認清能力極限，每個主管只能仔細指導二到三個部屬
2. 只要細分任務、不過度干涉，就能管理十到十五個部屬
3. 蒙古軍是以十人為一個單位所構成的龐大組織

從蒙古軍團的組織圖，學習管理的方法

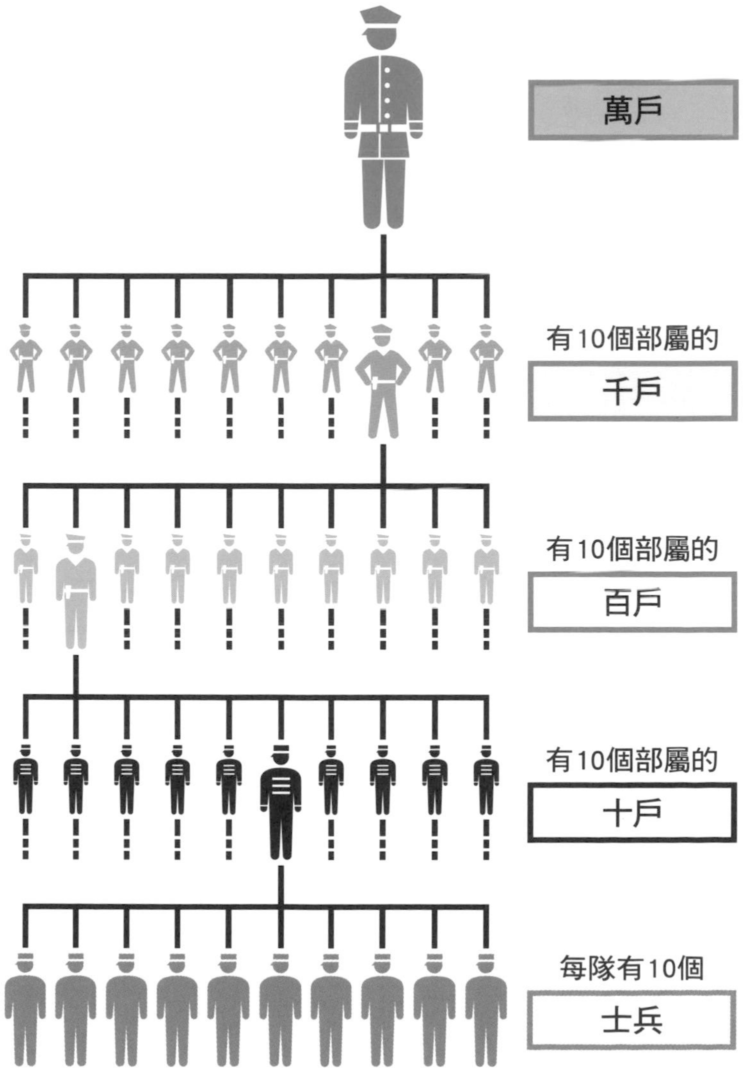

② 別再集體討論做決定：賦予絕對的決策權

分工的優點①
能夠區分經營決策與執行業務

只要能夠建立一套「分工模式」，公司就會更加壯大，這是為什麼呢？

原因主要有三點：

① 能夠區分經營決策與執行業務（詳見第16頁）

② 能夠提升對於人才多樣化的理解（詳見第28頁）

③ 能夠因應全球經濟環境的變化（詳見第32頁）

首先是①能夠區分經營決策與執行業務：

日本式管理一向有個特點：讓擅長現場實務的優秀人才，參與公司的經營決策。但是，「經營決策」和「現場實務」所需要的能力截然不同！

想要強化公司的體質，就必須將公司經營與業務執行區分開來，**建立一個「經營決策就交給專業人才，業務執行就交由全體員工」的分工模式。**

我所創辦的 Lifenet 生命保險，自二〇一三年起設立了「雙領導體制」：一位是董

清楚畫分「業務執行」與「經營決策」的權責

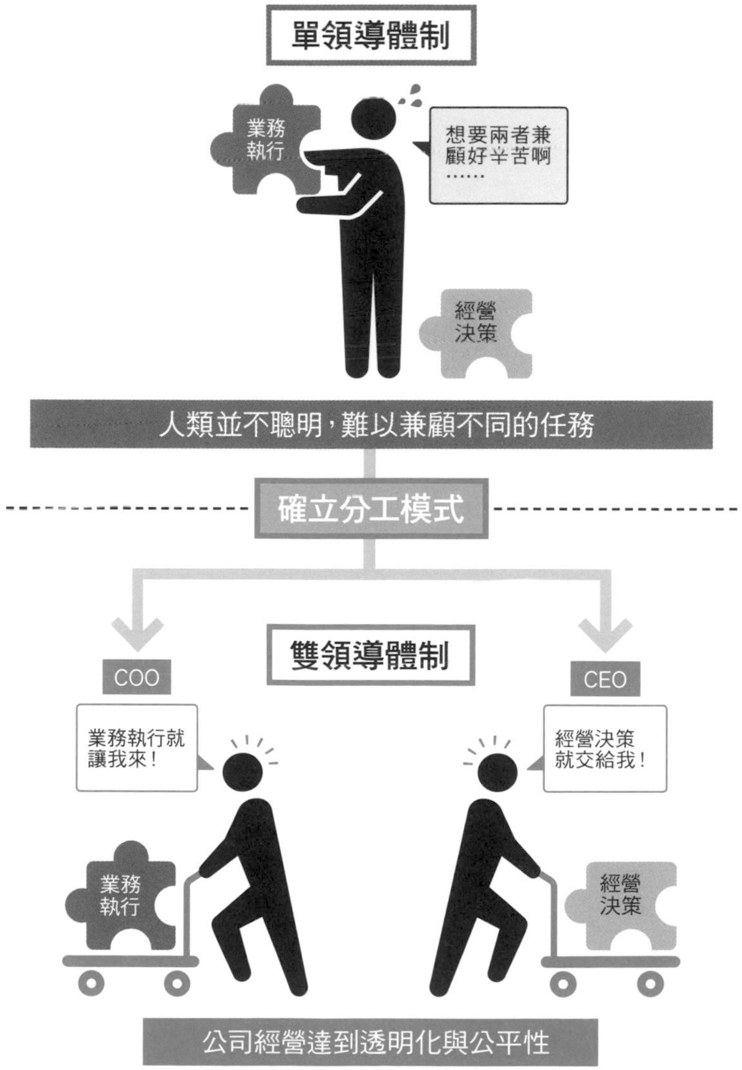
單領導體制
業務執行
想要兩者兼顧好辛苦啊……
經營決策
人類並不聰明，難以兼顧不同的任務
確立分工模式
雙領導體制
COO
業務執行就讓我來！
業務執行
CEO
經營決策就交給我！
經營決策
公司經營達到透明化與公平性

事長兼 CEO（執行長），另一位是總經理兼 COO（營運長）。這麼做是爲了區分「經營決策」與「業務執行」，明確畫分二者的職務內容與權限範圍。

- CEO：負責公司的「經營決策」
- COO：負責公司的「業務執行」

在股東會或董事會方面，「決定公司的經營方針」是 CEO（＝我）的責任。

另一方面，「實際執行已經決定的方針」則是 COO（＝岩瀨大輔）的責任。

舉例來說，要是收購企業失敗了，就是 CEO 的責任，因爲「決定收購那間公司」的是 CEO。至於業務上若是出了差錯，就是 COO 的責任，因爲他針對公司運作沒有善盡管理之責。

我認爲，像這樣清楚畫分「經營決策」與「業務執行」的權責（也就是將業務執行全權委任給 COO），整體運作才能夠既透明化又具一致性。

讓掌握決策權的人自己決定，自己負責

日本企業喜歡採取「稟議制」（＊譯注：集體決策的方式；重要的決策必須經過全公司管理者的審核和評議），也就是什麼事都由大家一起討論、共同決定。或許它偶爾可以避免僅靠個人判斷所帶來的風險，卻往往嚴重影響了經營決策的速度。此外，隨著層層簽核，蓋在稟議書上的印章越多，就越難以確認「這個決定由誰負責」。

【稟議制的缺點】

- 經營決策耗費太多時間
- 責任歸屬變得曖昧不明

因此，比較好的做法應該是「讓掌握決策權的人自行決定」。

Lifenet生命保險的董事會，由五位專任董事及四位外部董事共九人組成，決議時採取多數決。除了主席（我）以外，如果表決時遇到八名董事「四票對四票」的狀況，最後就由我扛下判斷與決策的責任。

也就是說，就結果看來，我被賦予了自行決定的權限。

經營公司與現場實務所需要的能力不同。「優秀的選手，不等於出色的教練。」這個巧妙的道理在商業界也適用！

打造一流團隊

CEO出口治明

終極心法！

稟議制的缺點

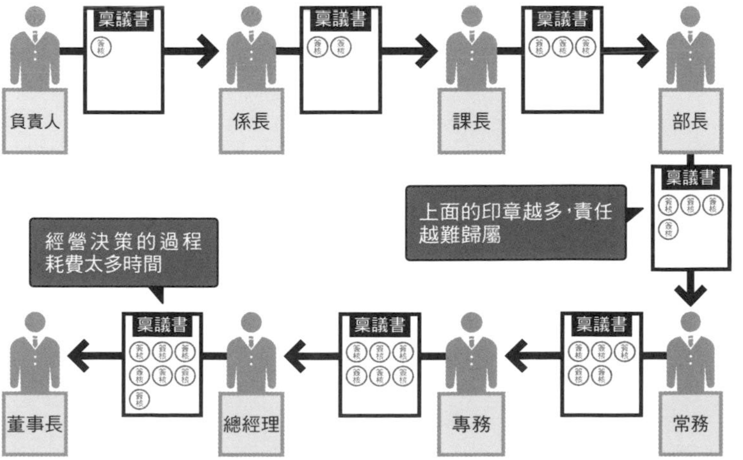

3 提升工作效率的方法：清楚畫分工作權限

大家共同討論 最後交由一個人決策

董事會做出決議後，接下來就交由 COO 負責執行。但是就現實層面而言，COO 不可能一肩扛下所有業務。因此，他的職責是建立一個業務分擔的架構，並且將部分權限委讓給底下的員工。

關於權限的委讓，我認為用「金額」來區分比較容易理解。舉例來說：

- 總支出三千萬日圓以上的專案，由董事會決定。
- 總支出一千萬日圓以上、未滿三千萬日圓的專案，由COO 決定。
- 總支出五百萬日圓以上、未滿一千萬日圓的專案，由執行董事決定。
- 總支出一百萬日圓以上、未滿五百萬日圓的專案，由部長決定。
- 總支出一百萬日圓以內的專案，由課長決定。

像這樣針對不同的職務層級，訂定支出金

根據專案金額，明確畫分權限範圍

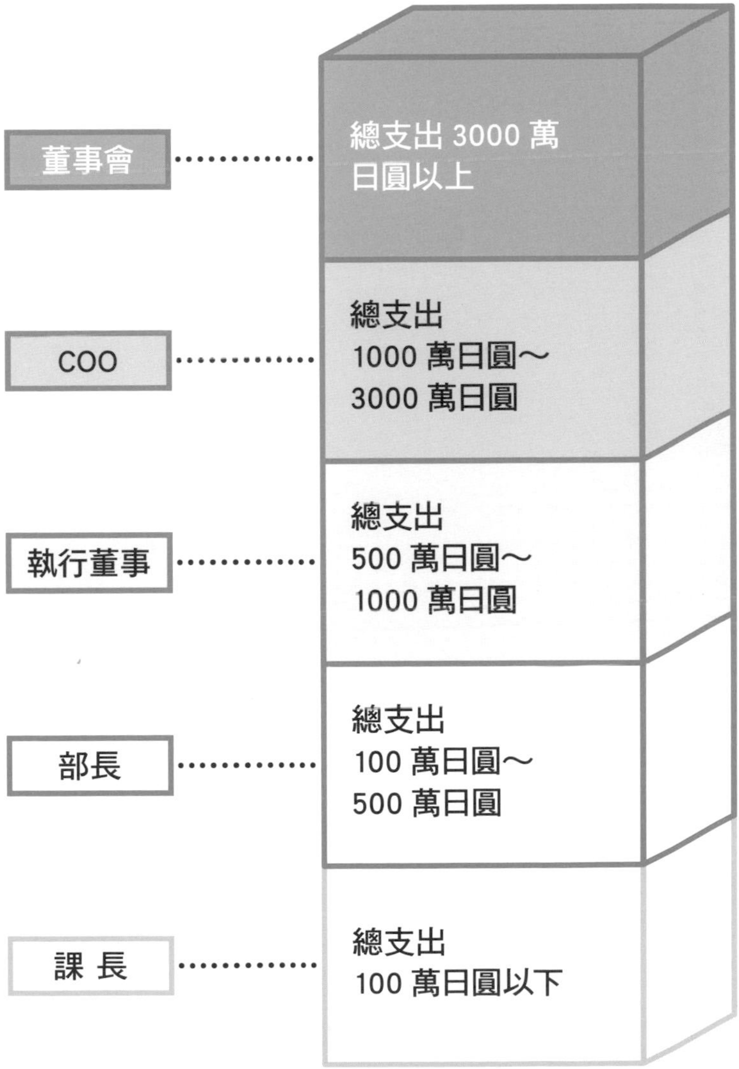

額上限，就能夠確立誰具有決定權。

這樣一來，**只要是在自己的職務範圍內（權限內），負責人就不需要再徵求上位者的許可**，而是根據「自己的權限」去做決策。

不論是爲了釐清各項業務的責任歸屬，或是爲了加快經營決策的速度，企業都應該要清楚告知每個職位的「權限範圍」：

由誰決定？決定哪些事情？可以決定到什麼程度？

公司若是沒有像這樣事先制定「決策準則」，將導致員工無所適從，無法拿捏自己應該負責到什麼程度。如此一來，不論是指派工作的人或是執行任務的人，都無法盡全力完成各項業務。

「協議」指的是大家一起討論 而非大家一起決定

根據專案內容，或許會有「只由一個人決定不太妥當」的狀況，需要先進行「協議」，參考其他人的意見之後再做出決策。

儘管如此，必須特別注意，**「協議」指的是「大家一起討論」，並非「大家一起決定」**，旁人的意見僅供參考。也就是說，協議的原則是「共同商討，一人決定」。

在 Lifenet 生命保險的執行董事會上，也會針對業務執行「進行協議」。然而，不論是誰做了什麼樣的發言，或是多數董事抱持不同的意見，最終都會依循基本原則：「既然已經大致討論完畢，那麼就交由 COO 決定吧。」即使其他董事反對，也不能推翻 COO 的決策。

話雖如此，**對於重要的專案或龐大的金額，還有一個制衡的方法：賦予另一個人「同**

意權」。

同意權也可說是「否決權」，是爲了確保決策公正無私的必要權力。

舉例來說，公司可以制定「關於跨部門的事業預算，必須事先得到會計部長同意」的規定。這樣一來，即使是擁有決策權的人，只要尚未徵得會計部長同意，就不能擅自進行下去。

「共同商討，一人決定」是協議的原則

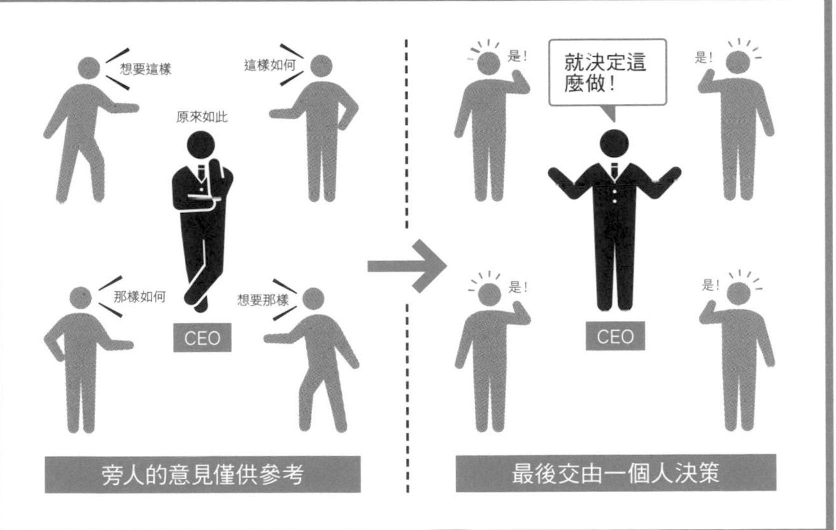
想要這樣
這樣如何
原來如此
那樣如何
想要那樣
CEO
旁人的意見僅供參考
是！
就決定這麼做！
是！
是！
是！
CEO
最後交由一個人決策

一流主管這樣做

POINT 畫分權限

1. 將部分權限委讓給底下的員工，由他們分擔業務
2. 交辦工作時，要清楚告知每個職位的「權限範圍」
3. 協議有別於同意，其原則是「共同商討，一人決定」

④ 授權後就絕對不插手：嚴格遵守權限範圍

課長的決策
部長不能任意干涉

賦予了權限、交辦了工作之後，還要遵守一個非常重要的原則：一旦授權後，該權限就歸屬於部下，即使你身為主管也不能加以干涉。

舉例來說，如果制定了這樣的規則：

- 總支出一百萬日圓以上、未滿五百萬日圓的專案，由部長決定。
- 總支出一百萬日圓以內的專案，由課長決定。

那麼，凡是「未滿一百萬日圓的專案」就要全權交給課長決定。即使是職位在他之上的部長，也不能侵犯課長的權限。

如果課長決定「用五十萬日圓購買A公司製造的影印機」，部長不可以對課長下令：「因爲我討厭A公司，所以改買B公司的機器。」如此一來，等於剝奪了課長的權限。

（不過，如果事先規定「採購影印機之前，

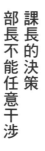

主管要有「不能干涉下屬權限」的自覺

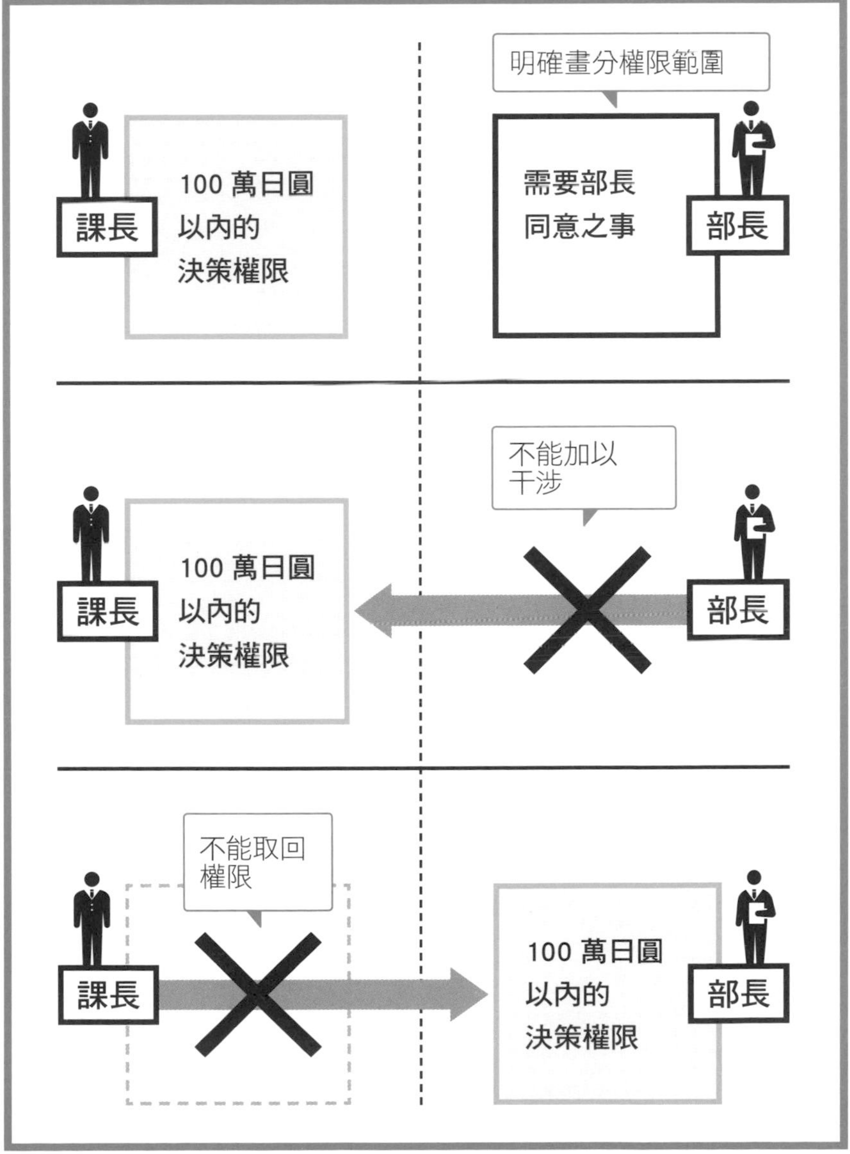

必須得到部長同意」，部長就擁有否決權。）

課長不在的情況下，可由部長「代爲決策」。但只要課長在，那麼就只有他具有決策權。

就算名義上賦予了課長「未滿一百萬日圓的專案決策權」，如果沒有徹底遵循「身爲部長的人，絕不能干預課長所做的決定，必須完全信任課長的想法」這個重要的原則，課長就不可能安心地進行工作。

原因很簡單：如果課長在執行所有的專案時都要一一和部長討論，對於雙方而言勢必都會浪費很多時間。而且，課長若是一直擔心「會被部長責罵」，很有可能漸漸變得虛應故事，只對部長說他想聽的內容。

一旦授權給部屬 就絕不插手部屬的決策

同理，不論是課長交辦工作給係長時，或是係長交辦工作給一般員工時，都適用相同的思考模式——一旦賦予了「從這裡到這裡，凡是這個範圍內的事項，由你自己決定」的權限後，就算是董事長也不可以任意剝奪這個權限。

因此，交辦工作時，一開始就要清楚地說明權限的範圍：

「我賦予你從這裡到這裡的權限，只要在此範圍內，你都可以自行決定。但是，超出權限範圍的事情，就要得到上級的同意。」

像這樣事先制定規則之後，就不再干涉部屬做的決策。

容我再次提醒——身爲主管的人，交辦工作時務必謹記以下三個原則：

- 一旦賦予了權限，就不能任意取回。
- 即使你的職位較高，也不表示你是萬能的。
- 主管不能代行部屬的權限。（除非部屬不在）

一旦告知部屬：「這個範圍內的事，由你自己決定。」就算是董事長，也不可以任意剝奪這個權限。

打造一流團隊

CEO出口治明

終極心法！

即使你職位較高，也不代表你萬能

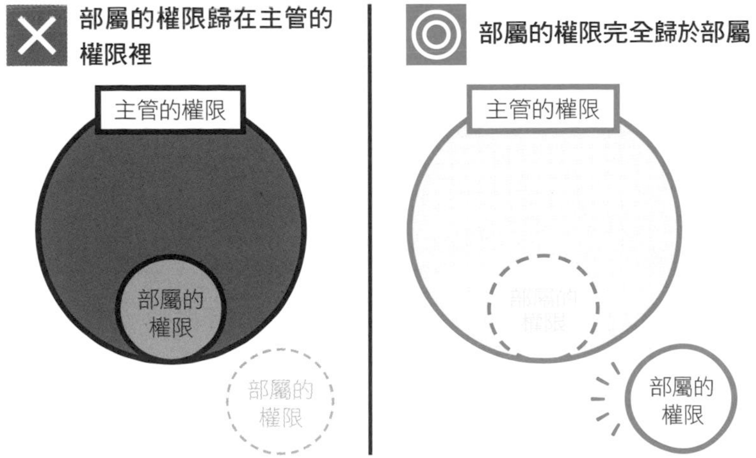

5 避免組織同質性太高：確保人才的多樣性

分工的優點② 能夠提升對於人才多樣化的理解

歐美國家正在持續推動企業高階主管的「多樣性」，其中最重要的是「任用女性人才」。

在歐洲，陸續有幾個國家積極推動「女性董事配額制」，也就是強制規定企業必須任用一定比例的女性董事。

近年來，西班牙、法國、比利時、荷蘭、加拿大、澳洲等國已經立法實施配額制。其中尤以挪威最爲積極，規定股份有限公司必須確保組織內的女性董事比例至少達到百分之四十。

美國的評級機構 GMI Ratings 針對「世界各國企業的女性董事比例」進行調查，結果顯示日本企業（共四百四十七間公司）的女性董事比例是百分之一．一。在全球四十五個國家之中，名列倒數第二，遠遠低於先進國家的平均百分之十一．八，以及新興國家的平均百分之七．四%。

日本的女性董事比例遠低於世界平均

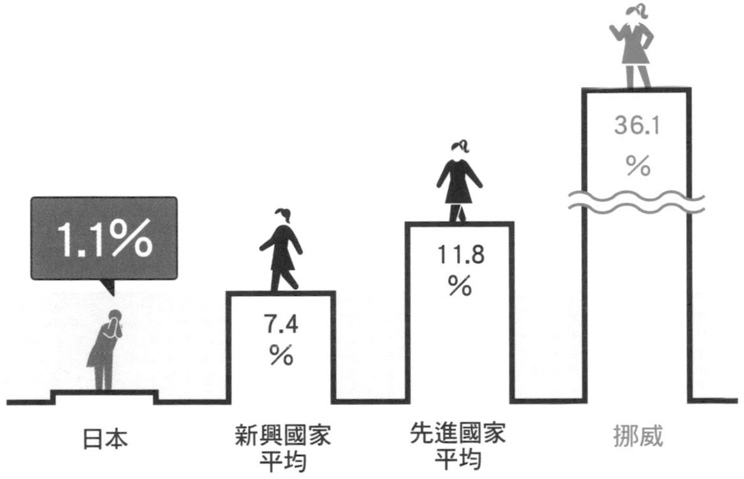

經營團隊若是同質性過高將無法及時因應變化

日本企業的高階主管，向來是由年功序列制（＊譯注：根據年資與職位訂定標準化的薪水，與終身雇用制同為傳統的日本企業文化）所培養出來的「大叔們」擔任，嚴重欠缺多樣性。**由於同質性過高，導致組織結構的改革相當遲緩。**

歐美企業之所以積極任用女性董事，原因在於——說得極端一點——消費市場幾乎可說是由女性在支撐的。甚至有研究調查指出，全世界的消費行爲高達百分之六十四掌控在女性手裡。

既然消費者多是女性，那麼，生產消費品的企業裡當然要有多一點女性。畢竟，始終待在同一間公司，依循年功序列制爬升上來的大叔們，怎麼可能眞正瞭解女性的想法。

想要促使女性消費，最好的方法便是任用女性員工。

一旦員工的同質性太高，公司就會僵化。

要賣東西給女性，就交給女性員工去做；要賣東西給外國人，就交給外籍員工去做；要賣東西給年輕人，就交給年輕員工去做。**唯有跨越性別、年齡、國籍等藩籬，將工作交辦給各式各樣的人才，公司才會變得強大。**

Lifenet 生命保險 IPO（首次公開發行募股）時的企畫部長，當年三十二歲。某次開完會，他跑來找我，對我說：「出口先生，您剛才那樣說是怎麼回事？」「用那種說法，會讓人失去幹勁。」「下次，請改用這種方式來說。」

如果他是個五、六十歲的大叔，很可能會爲了顧慮我的感受，不敢像這樣有什麼話就直說。敢於出言指正「國王沒穿衣服」，正是因爲 Lifenet 生命保險的經營團隊任用了許多女性與年輕人的緣故。

以後的時代，所有企業勢必會被要求將工作交辦給不同性質的員工，並賦予權限。因爲若是經營團隊全由一群同質性高的大叔組成，就無法因應各種變化。不論是董事會成員，還是一般員工，都要徹底多樣化，以各式各樣的人才來建構組織。

一流主管這樣做

POINT 多元人才

1 由於女性消費者占多數，企業必須任用多一點女性

2 將工作交辦給各式各樣的人才，公司的體質才會健全

3 同質性高的團隊，無法及時因應變化

多樣性高的公司，才能因應市場的需求

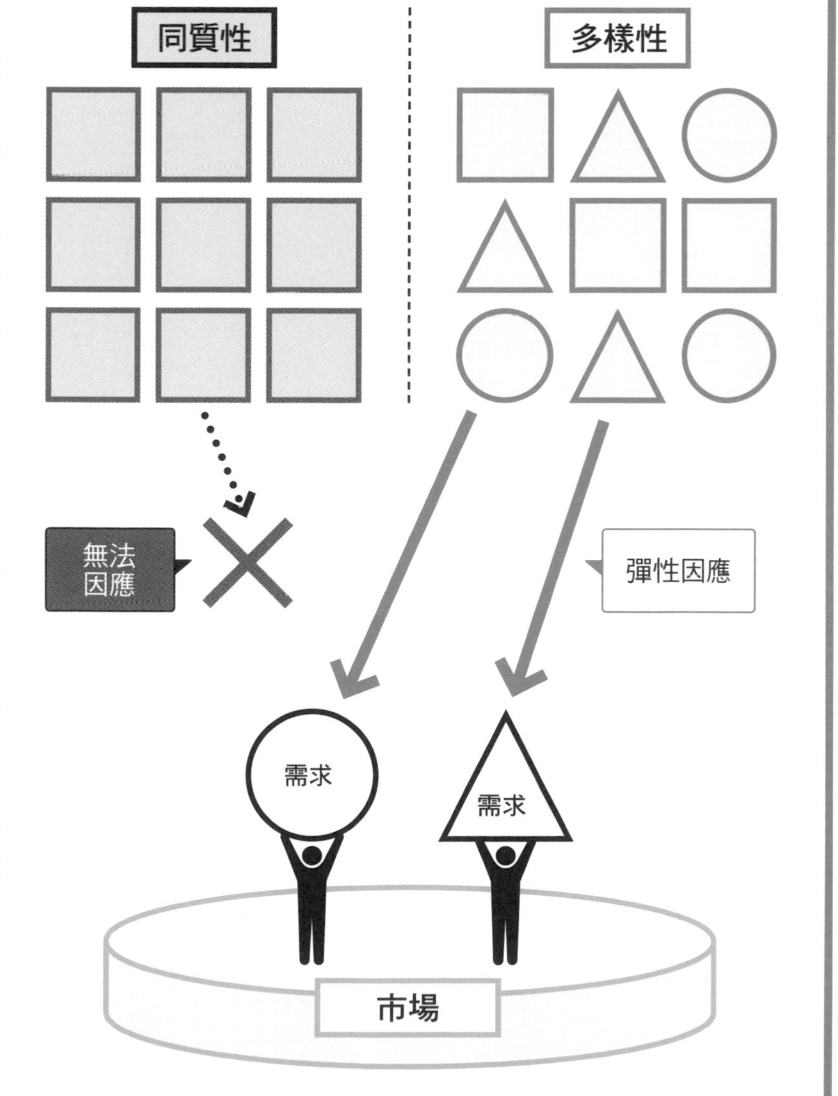

⑥ 在新時代任用新人才：隨時改變對戰策略

分工的優點③
能夠因應全球經濟環境的變化

一九八〇年代後期，由於東西方冷戰的終結，導致日本經濟大受影響。

這是因爲隨著冷戰結束，投入自由經濟市場的選手數量一口氣大幅增加的緣故。

在東西冷戰結束之前，自由經濟市場原本僅是日、美、歐十億人口之間進行的賽事。

但是，自從柏林圍牆倒塌、蘇聯變成了俄羅斯、中國市場開放，漸漸地，東南亞、印度、非洲也陸續加入自由經濟市場。

從此，選手數量從十億人倍增到五十億人。

想想看，選手數量增加的話，局勢會如何變化呢？

競賽規則會改變。

不妨將自由經濟市場，想像成一場足球賽事。

足球的規則是「對戰雙方各派出十一位選手上場」。那麼，若是比賽場地的大小維持不變，雙方選手卻增加為五十位對五十位，將會如何呢？

這樣一來，場上會有一百位敵我球員擠在一起，根本無法傳球，最後大概會演變成職業摔角那樣互毆的情況吧。

所謂的全球化，簡單來說就是「競賽規則改變了」。

在這個時代，足球比賽已經摔角化了，過去的規則完全不適用。

也就是說，為了因應新的賽事規則，必須將工作交辦給新的人才。若是不使用新的對戰方式，就不可能獲勝。

身處足球摔角化的時代，必須尋找新人才

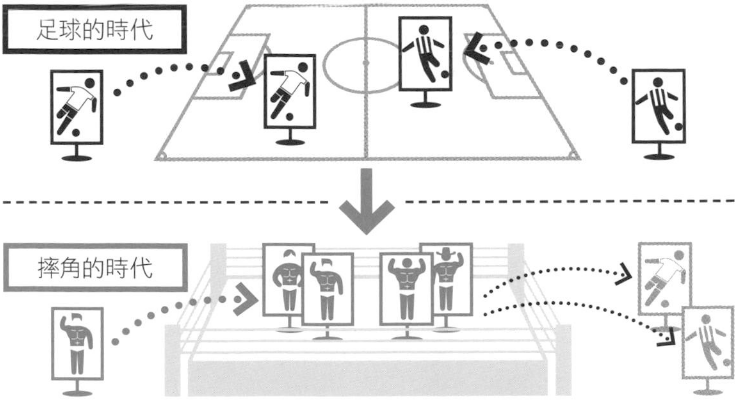

讓足球選手下場，改派摔角選手上場才是正解

摔角場上不需要厲害的足球員 而是優秀的摔角手

既然競賽的規則已經截然不同，市場上所需要的產品或服務的規格，當然也會有所改變。

舉例來說，符合新興國家市場需求的家電產品規格應該是：

- 具備各種基本的功能
- 容易入手的便宜價格
- 不容易故障

將「高附加價值的高價商品」直接拿去新興國家販售，就像是場上所有人都在比摔角時，你仍堅持用優美的姿態傳出腳下的足球一樣。不僅完全不適合，而且一定會被打趴在地。

即使聚集了一群很會傳球的足球選手（＝同質性的選手），也贏不了摔角比賽。

在摔角化的足球場上，為了不輸給對手，就要選用優秀的摔角選手。

如果不讓足球員下場坐板凳，改以摔角手上場應戰，就無法因應面貌已大幅改變的市場競逐。

由於競賽規則有所改變，必須採取新的對戰策略。務必將工作交辦給新的人才，否則無法漂亮贏下比賽。

打造一流團隊
CEO出口治明
終極心法！

建立「分工模式」的三大優點

1 能夠區分經營決策與執行業務

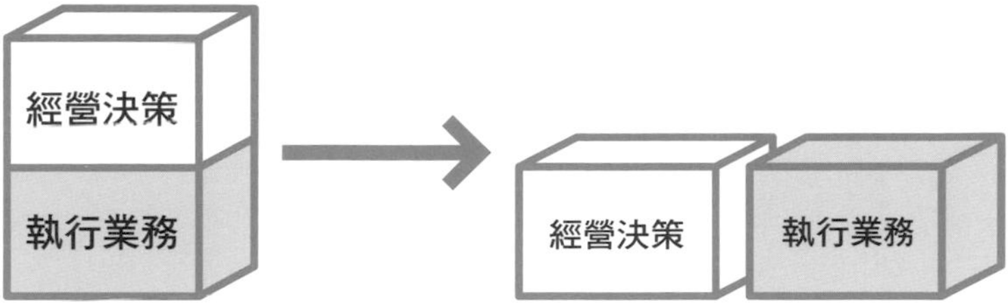

2 能夠提升對於人才多樣化的理解

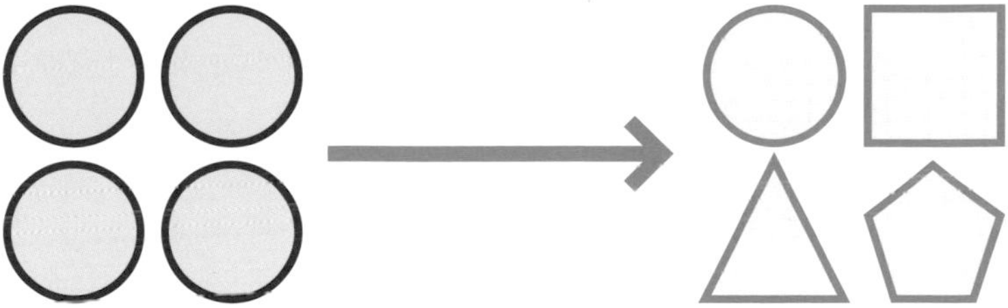

3 能夠因應全球經濟環境的變化

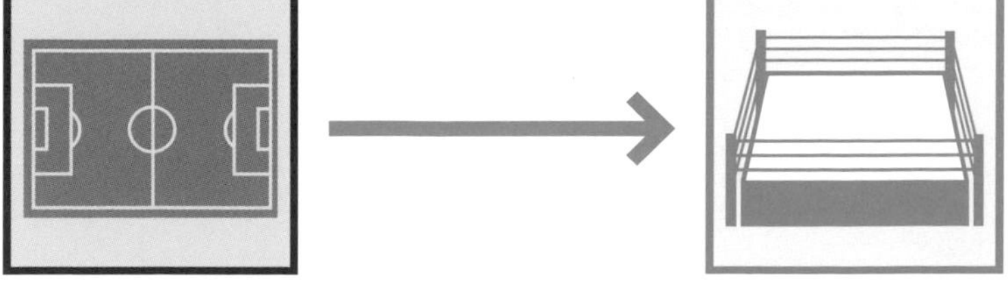

第1章 一流的組織！
善用不同的人才，達成一致的目標

重點整理

1. 每個人的能力都有侷限。
再優秀的主管，最多也只能直接指導二至三名部屬。

2. 一旦授權後，該權限就歸屬於部下。
即使身為主管，也不能隨意干涉部下的工作。

3. 唯有清楚畫分「經營決策」和「執行業務」的權責，
整體運作才能夠既透明化又具一致性。

4. 在交辦工作之前，必須先確立「由誰決定？決定哪些事情？
可以決定到什麼程度？」等權限範圍。

5. 只要是在自己的職務範圍內（權限內），
負責人就不需要再徵求上位者的許可。

6. 唯有跨越性別、年齡、國籍等藩籬，
將工作交辦給各式各樣的人才，公司才會變得強大。

7. 在新的競賽規則下，要採取新的對戰方式，。
想要因應全球經濟市場的變化，就必須將工作交辦給新的人才。

第2章

一流的主管！做正確的事，而非正確地做事

⑦ 將重要工作交辦出去：幫助部屬拓展視野

給予明確的指示 讓下屬明白自己的權責

不要認爲「把工作完全交辦出去」就是「把事情全部推給別人」，因爲這兩者在「處理方式」上有非常大的差異。

●把事情推給別人：指示模糊不清

「怎麼樣都可以，有做就好。」

●把工作交辦出去：權責範圍清楚

「因爲賦予你這樣的權限，所以希望可以得到這樣的成果。」

「交辦工作」給部屬時，必須遵循「確立權責範圍，給予明確指示」的準則。我們來看看以下幾個範例吧。

【交辦工作的類型】

類型①權限範圍內，讓部屬自由發揮

例如：「關於○○的簡報資料，我希望交給你來製作。在你的權限範圍內，依你自己的想法來完成資料即可，我完全不過問。」

交辦工作的類型範例

1 權限範圍內，讓部屬自由發揮

希望完全照你的想法去做
是！

2 畫分各種任務，交辦部分工作

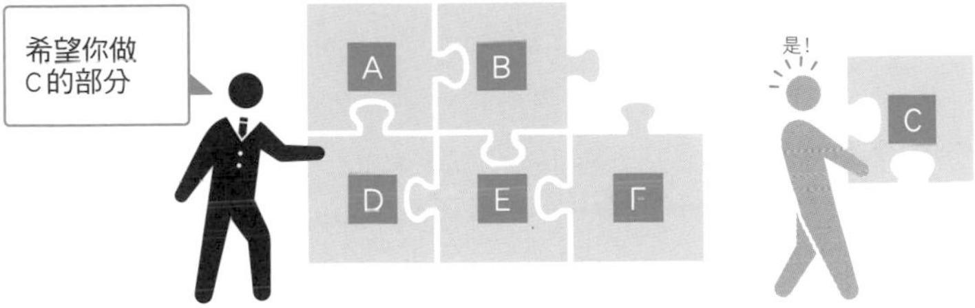
希望你做C的部分
A
B
D
E
F
是！
C

3 代行上司的工作

希望你代替我做這個部分
是！
上司的工作
上司的工作

類型②畫分各種任務，交辦部分工作

例如：「我們要製作關於〇〇的簡報資料，但是數據不齊全，希望由你來收集這部分的數據，我會負責統整資料。」

類型③代理上司的工作

例如：「〇天後要進行簡報。本來是部長我要做說明，但這次就由你來代替我擔任主講者。」

①的方式是「讓部屬自由發揮，上司不過問」，或許有人會認爲：「這不就等於把工作推給下屬嗎？」然而，因爲已經事先明確指示了「我不會干涉，請依照你的想法去做」，所以並不會讓下屬感到混淆。

②的方式是「交辦業務範圍內的某項任務」、「交辦部分工作」的做法。

---

③的方式有助於拓展部屬的視野。藉由交辦「更高階的工作」，部屬的視野將會變得更寬廣。當部屬被委託擔任「上司的代理人」，把自己當作部長或課長時，思考方式就會有所不同。

道理很簡單——只要爬上視野開闊的高樓，就能看到在一樓不可能看見的遠方景色。

責任雖然帶來壓力 經驗卻會成為重要的養分

在日本生命保險公司時期，我被委託操作小型倫敦分店中的五百億日圓證券。就任期間三年內，還要再額外負責兩千億日圓金額的貸款業務。

責任重大，這是必然的，但是仍然要全力

交辦重要工作，拓展部屬視野

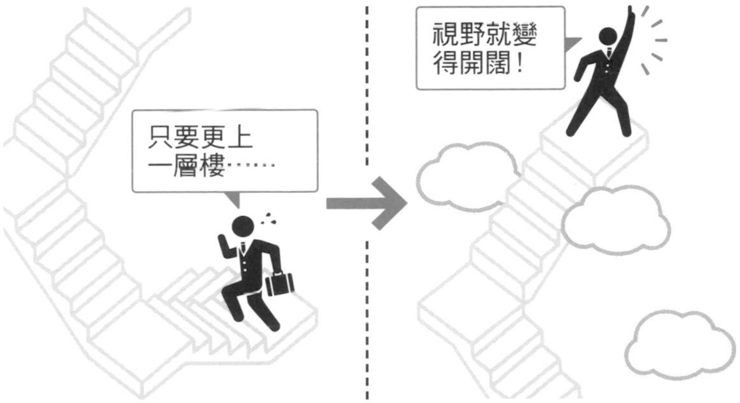
只要更上
一層樓……
視野就變
得開闊！

「責任」帶來壓力，獲得的經驗卻是重要養分。

以赴。

當時難免感受到壓力帶來的痛苦，但是我認為，這些經驗在日後將成為我的重要養分。

承接重要的工作，擔負更大的責任。只要硬著頭皮往上爬，最後就會眼前一片開闊。

「交辦工作」給部屬時，必須遵循「確立權責範圍，給予明確指示」的準則。

打造一流團隊

CEO出口治明

終極心法！

8 指示必須具體而明確：積極進行雙向溝通

模糊不清的指示
無法提升工作成效

主管應該做的「勞務管理」，最重要的是「給予部屬權限後，提出明確的指示」。即使賦予部屬權限，一旦主管的指示模糊不清，便無法提升工作成效。因此，**主管必須提出「不會令部屬感到困惑，具體且明確的指示」**，才能讓部屬知道他們該怎麼做。

不過，許多主管雖然有心給予明確指示，卻無法如實傳達。

這些主管多半是因為不善言詞，對於口頭布達沒有把握。針對這種情況，不妨運用便條紙或電子郵件下達指示，或是在傳達指示後請部屬複誦等。為了確保訊息無誤，這一點相當重要。

此外，接受指示的部屬也有該遵守的原則：必須確認內容，直到充分理解為止。

「明確的指示」指的是雙向溝通，必須經由「主管→部屬，部屬→主管」雙向確立，而非「主管→部屬」的單向命令。若是不清

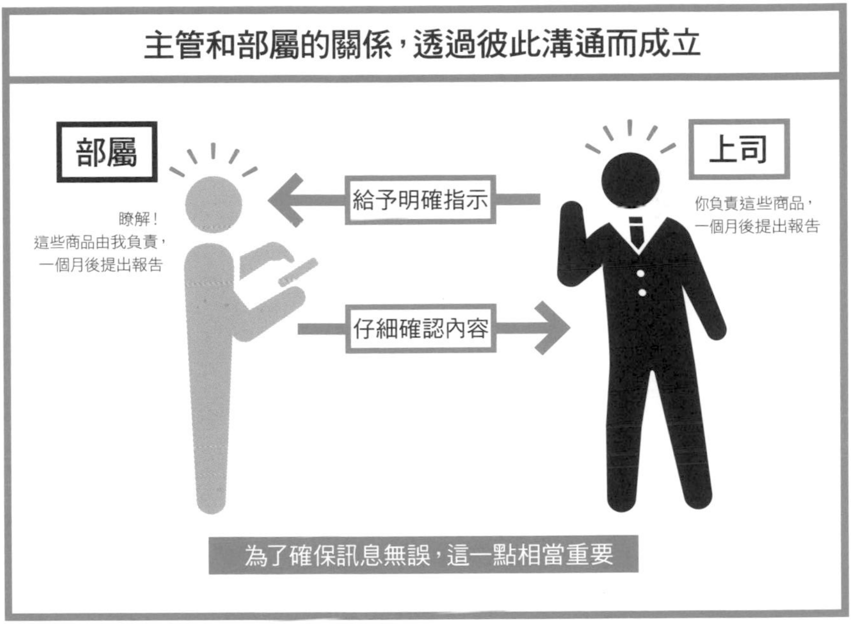
主管和部屬的關係，透過彼此溝通而成立
部屬
上司
給予明確指示
你負責這些商品，
一個月後提出報告
瞭解！
這些商品由我負責，
一個月後提出報告
仔細確認內容
為了確保訊息無誤，這一點相當重要

楚主管的指示，部屬必須再次詢問，直到理解指示內容爲止。

特別是中間層級的員工，他們需要「接受上司的指示，將其傳達給部屬」。以課長來說，他的職務就是將來自部長的指示傳達給係長知悉。如果沒有充分理解上司的指示，就無法對部屬下達明確的指令。

另外，組織要順利運作，「報告」、「聯繫」、「討論」缺一不可。爲了確保雙向溝通無礙，我建議主管們主動積極地和部屬進行交流。

當企業發生重大事故 總是大事化小、小事化無？

從許多案例中可以發現，大企業的第一線

工作如果發生了重大問題，現場負責人會告訴課長：「雖然發生重大事故，但可以在現場解決。」

課長收到消息後，會告訴部長：「雖然現場發生了問題，但沒有那麼嚴重。」

部長得知後，會向常務報告：「現場好像發生了一些小狀況，但是已經解決了。」

最終，總經理得到的訊息是：「今天沒有任何異常狀況。」

明明就發生了重大問題，傳到總經理耳裡時，卻變成「一點事情也沒有」。這簡直就像小時候玩的傳話遊戲，從第一位開始，越多人傳話，越脫離原貌。

訊息的傳遞者越多，不確定性也就越高，在這種情況下無法移交權限。

- 下達指示者：提出方便部屬作業，具體且明確的指示
- 接受指示者：重複提問直到理解指示內容，如實稟報

主管和部屬之間的溝通非常重要，只要主管的指示清楚明確，部屬就能精準執行；只要部屬如實稟報，主管便能做出正確的判斷。

一流主管這樣做

POINT 指令明確

1 給予部屬權限後，提出具體而清楚的指示

2 「明確的指示」指的是雙向溝通

3 訊息的傳遞者越多，不確定性就會越高，要極力避免

在「傳話遊戲」的情況下，無法移交權限

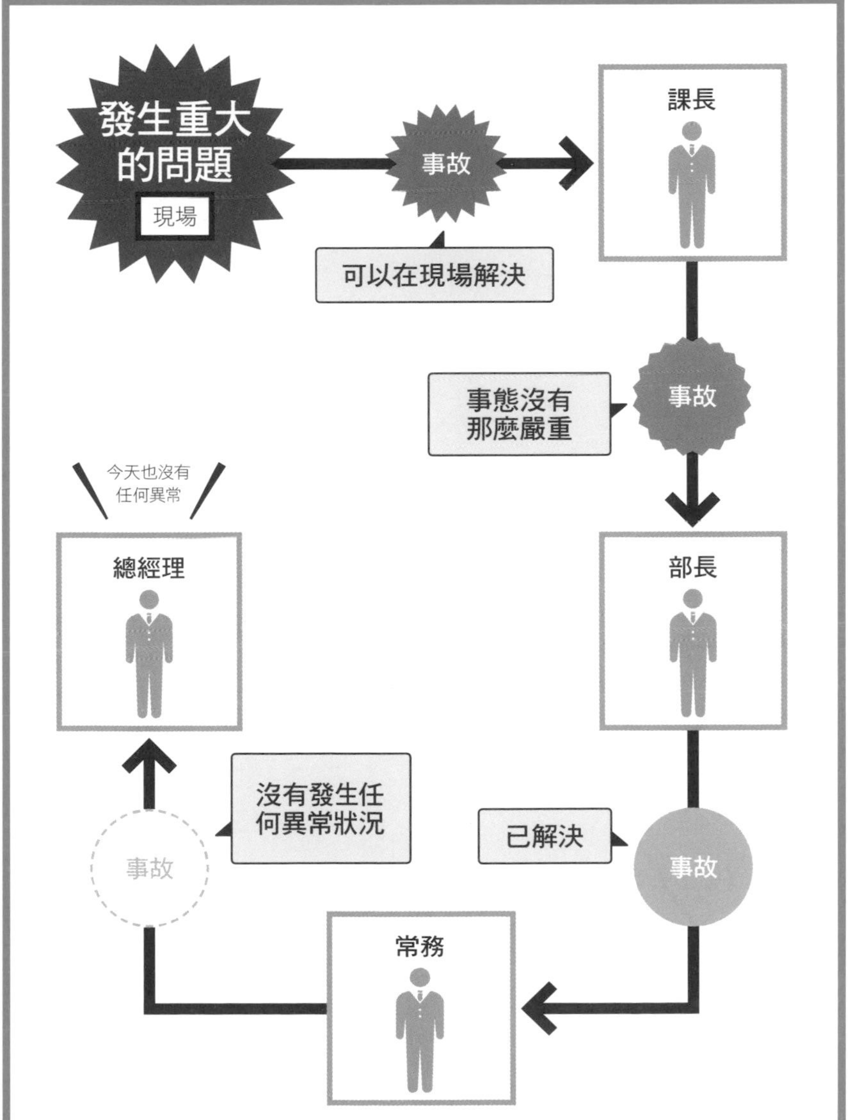

9 瞭解部屬的時間有限：清楚傳達四個重點

給予指示時，必須：
清楚告知期限和優先順序

主管給予部屬指示時，必須明確告知以下四個重點。唯有清楚傳達這四項要點，才算是具體而明確的指示。

重點① 告知「期限」

「一定要在何時之前做完」，告知工作的期限（時間）。必須讓部屬瞭解這是「要立刻處理的工作」，或是「要花時間好好完成的工作」。

不過，因爲人類是健忘的動物，部屬有時難免會忘記期限，所以最好中途確認進度。舉例來說，假設期限是在一週後，到了第四天，就要主動詢問：「距離截止日期已經過了一半，進行得還算順利吧！」這一點相當重要。

交辦工作者有時也會忘記「對誰交辦了什麼工作」，所以，在記事本裡寫下「委託○○做○○事。○月○日截止。○月○日跟催」吧！（我是寫在日曆上。）

具體明確的指示要符合四個重點①②

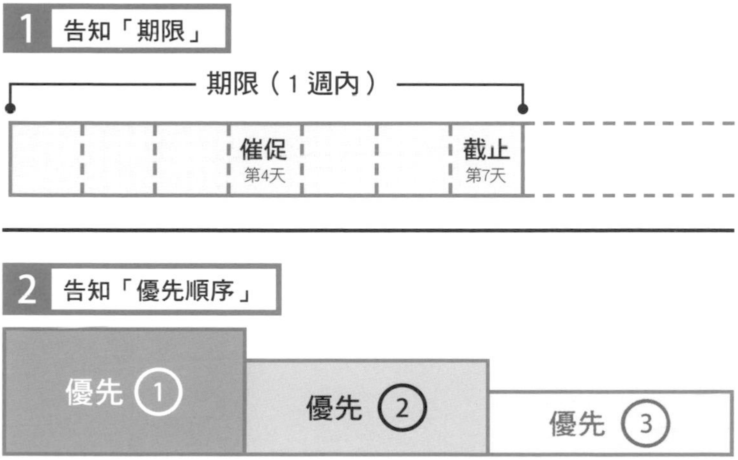

重點② 告知「優先順序」

雖然告知了「期限」，下達「希望在何時完成」的指示。然而，當部屬手邊還有其他工作時，因工作量增加而無法遵守日期的情況也很常見。

因此，上司要權衡「準備交辦的工作」和「部屬正在進行的工作」，清楚告知「這項優先、這項次之、這項最後」的優先順序，明確規畫出「交辦工作」的時間軸。

排列優先順序時，除了考慮「時間順序」之外，也要思考「價值順序」。所謂的價值，指的是「在交付的工作項目裡，最重視的要點」。

很多主管在下達指示時，只說「這項計畫要注意A、B、C三個重點」，沒有讓部屬瞭解「A、B、C之中，哪一項最重要」，導致部屬無所適從。

如果是我，會告訴部屬：「在這項計畫中，應該優先進行的是A。B擺在第二順位，C是第三順位。如果很難判斷，就先執行A。」

像這樣事先告知順序，就不會讓負責人不知所措。但是，如果順序畫分得過細，會導致對方的自由度受限，因此我認爲只要訂出第一到第三的順位即可。

給予指示時，必須：清楚告知工作目的和標準

重點③ 告知「目的、背景」

舉例來說，主管A爲了製作簡報資料，想要向部屬B下達「因爲這部分的數據不齊全，由你來收集」的指示。此時，主管A除了說明「缺少什麼數據」、「希望收集什麼數據」，也必須告訴部屬B關於簡報的整體相關訊息（目的和背景）：

- 簡報的目的是什麼
- 打算製作什麼樣的簡報
- 簡報要用在什麼地方

許多主管都有「不需要提供整體資訊，只說明必要事項就夠了」的迷思，然而這樣是行不通的。如果不讓部屬B瞭解工作全貌，他就無法有效地找到合適的數據。

確實告知目的和背景，也有助於引導出部屬的創意構想。

重點④ 告知「標準」

希望部屬交給你的是「完成品」或是「半成品」，要明確告知工作標準（品質標準），

便於部屬選擇處理方式。

舉例來說，如果部長要請課長幫忙擬寫講稿，根據「我之後會再修改，你先幫忙打個草稿就好」（＝半成品），或是「我會照你寫好的講稿念，不做修改」（＝完成品）這兩種要求，部屬的處理方式會有所不同。

交辦工作時，千萬別忘了：時間和部屬的能力都是有限的。

打造一流團隊
CEO出口治明
終極心法！

具體明確的指示要符合四個重點③④

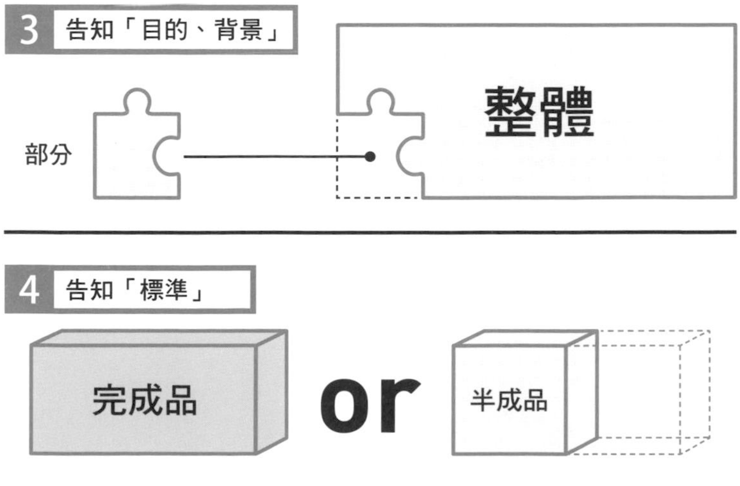

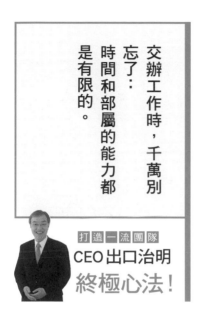

⑩ 權力與責任必須對等：要求員工確實負責

賦予部屬權限時
也要訂定相對應的責任範圍

畫分權限範圍，就是讓部屬瞭解「由誰負責哪個部份的責任」。

賦予權限時，也要訂定並告知相對應的責任範圍。

若是賦予重要權限卻不要求承擔責任的話，將造成權力濫用。反之，若是一味地強迫負責卻不給予權限，勢必會導致部屬做起事來意興闌珊。

交辦工作給部屬時，絕對不可以忘記給予「同等的權限和責任」。

所謂的交辦工作（賦予權限），和「擔負責任」是一體兩面的。我認爲，**培養部屬的基礎，在於讓他當責。**

主管交辦「完成品標準」的工作，部屬給出的成果卻不是完成品時，就要讓部屬負起責任，也就是請他重做。

假設部屬的工作成果只有五十分，即使我認爲「乾脆自己直接動手修改比較快」，

想要培養部屬，就要讓他承擔責任

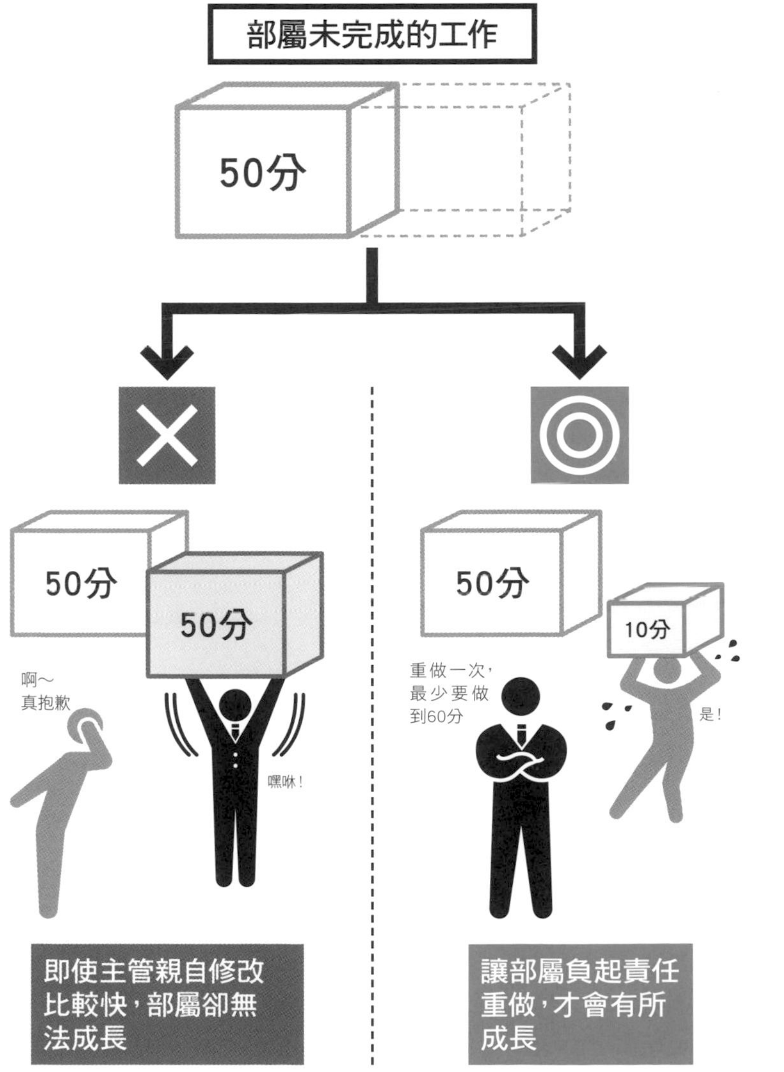

也不能這麼做，因爲這樣無法提升部屬的能力。如果希望部屬成長，就應該盡量讓他自己重做幾次，讓他動腦思考。

主管的工作廣而淺
部屬則是窄而深

我在日本生命保險公司擔任部長期間，曾經公開對部屬說：「我不接受討論。」

這句話不代表我放棄了對部屬的管理。之所以不和部屬討論、給予意見，理由是：因為部屬的工作範圍較小，所以更有「深度」。

一般人認爲「比起部屬，主管累積了更多經驗，因此更瞭解工作」，事實上未必如此。

假設這個部門有十位部屬，往來的客戶有一百間公司。也就是說，每位部屬只負責十間公司，部長一個人則要看顧一百間公司。因此，部屬和客戶之間的關係是「窄而深」，部長則是「廣而淺」。理所當然，部屬一定比部長更瞭解關於客戶的種種細節。

所以，每當有員工找我哭訴：「我明明這麼煩惱，爲什麼出口先生不給我一點意見呢？」我就會重申一百間公司與十間公司的理論，告訴對方：

「你可以的！畢竟你比我更瞭解那家公司，哪有一知半解的傢伙替瞭若指掌的人出意見的道理呢？」

不過，我也不是完全不給建議。

雖然我不理會自己不先動腦思考就來問答案的人，但是只要部屬仔細想過腹案，我非常樂於一起討論對策。

100 間公司和 10 間公司的理論

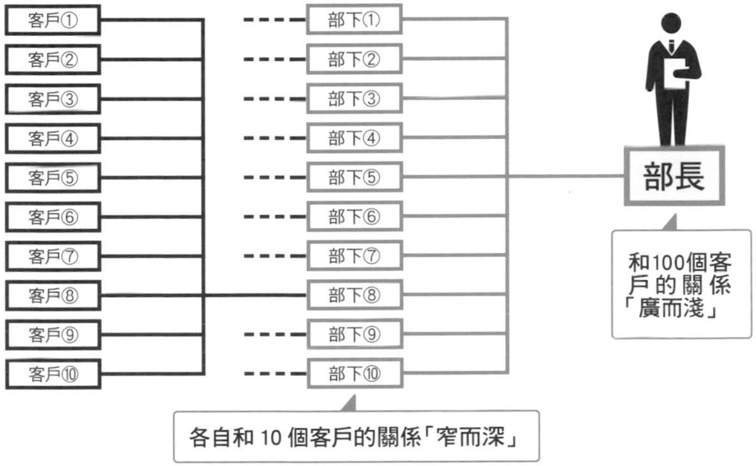

如果希望部屬成長，不要什麼都想自己拿來做，應該盡量讓他動腦思考，讓他重做幾次。

打造一流團隊
CEO出口治明
終極心法！

⑪ 部屬的錯由主管承擔：勇於面對不找藉口

以「為結果負責」來換取高薪是主管的「宿命」

主管也好，部屬也罷，只要被賦予了權限，就要負起權限範圍內的責任。而且權限越大，責任越重。

因爲主管握有「交辦工作給部屬的權限」，若是部屬交不出成果，最終就是「主管的責任」。

也就是說，**部屬的過錯，是上司的責任**。

商業界的原則就是「爲結果負責」。無論理由爲何，要是沒有交出應有的成果，就必須負起責任。

然而，日本的社會普遍欠缺「爲結果負責」的觀念。

「爲結果負責」這幾個字所代表的意義相當沉重。

然而，我認爲，總經理、部長、課長……這些**被賦予「主管」職位的員工，都是以「為結果負責」來換取高薪（報酬）**。

因此，不論過程中是拚了全力或不夠盡

主管職的薪資和擔負的責任成正比

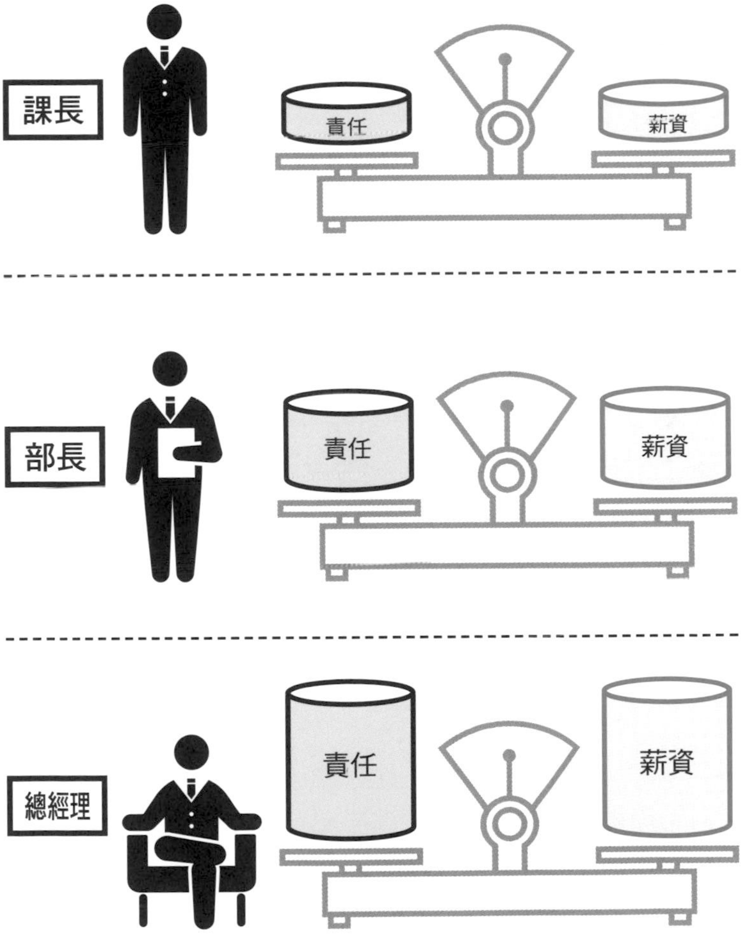

職位越高，責任越大。
責任越重，獲取的薪資也越高。

力，一旦沒有交出成果，就要負起全責。

這是主管的「宿命」。

假如公司發生了醜聞，「董事長請辭」是司空見慣的做法；對於跨國企業而言，這麼做更是理所當然。

主管必須掌握所有情況 「不知情」無法當成藉口

當工作出了差錯時，有些主管爲了逃避責任，會說出「這是部屬的問題，我完全不知情」這類言論。

一口咬定「自己不知情」的主管，完全缺乏自覺。所謂的主管，就是知道也好、不知道也罷，都要一肩挑起自己部門的責任。

●無論有什麼理由，主管都要負起全責。

●部屬雖然要承擔權限範圍內的責任，但是主管必須負起範圍外的責任。

公司的主管們如果能明快地決定個人去留（留職停薪，或是主動請辭），部屬就會對主管產生信任感，進而自我警惕：「一旦我出了錯，主管就得負責。爲了避免這種事發生，我要好好地做出成果。」

另一方面，只要主管有「部屬工作的最終責任在我」的自覺，就能掌握部屬的工作狀況。這和人類的心理有關，會覺得自己「願意對知道的事負起責任，但是爲了不知情的事被迫辭職卻很難受」。

商場如戰場，「我不知情」這個藉口絕對無法成立，「對部屬知之甚詳」才是唯一法則。

根據日本的刑法，如果沒有故意或過失，就不會被追究責任。但是我認爲，刑法和企業不同。

不論有沒有故意或過失，主管都要負起責任。正因爲有「勇於承擔責任的主管」，組織才會強盛。

一流主管這樣做

POINT 勇於負責

1. 在企業裡工作，要是成效不彰，就必須為此負責
2. 主管以「為結果負責」來換取高薪
3. 無論是否有故意或過失，主管都要負起責任

不要將「我不知道」當作卸責的藉口

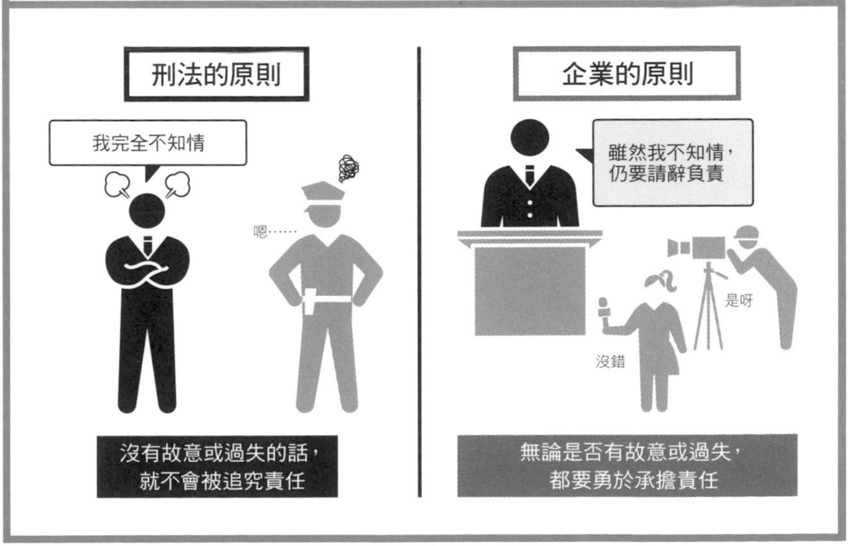
刑法的原則
我完全不知情
嗯……
沒有故意或過失的話，
就不會被追究責任
企業的原則
雖然我不知情，
仍要請辭負責
是呀
沒錯
無論是否有故意或過失，
都要勇於承擔責任

重點整理

1 指示模糊不清就等於「把事情推給別人」，
所以「交辦工作」必須指示明確，釐清權責範圍。

2 交辦工作包括「讓部屬自由發揮」、「交辦部分工作」、
「代行上司的工作」三種方式。

3 為了給予清楚明確的指示，主管和部屬之間的「雙向溝通」
非常重要。

4 主管下達指示給部屬時，必須明確告知「期限」、
「優先順序」、「目的、背景」與「標準」。

5 交辦工作給部屬時，絕對不可以忘記給予
「同等的權限和責任」。

6 如果希望部屬成長，應該盡量讓他動腦思考，
讓他重做幾次。

7 部屬的過錯，是上司的責任。
無論是否有故意或過失，主管都要為此負責。

第3章

一流的團隊！不要菁英，用平凡的人做非凡的事

⑫ 對於完美不過度執著：有六十分就算及格

主管的職責是讓每個部屬都能「及格」

上司和部屬的關係，可以視爲「管理者」與「執行者」。

管理者（上司）將工作交辦給部屬，執行者（部屬）完成被交辦的業務。

管理者不可取代執行者。

有些管理者一看到執行者的工作成果只有六十分，總會認爲若是換成自己，工作成果一定有八十分以上，所以打算乾脆自己來做，或是幫忙部屬修改到八十分以上。

然而，這是行不通的，因爲執行業務並不是管理者的工作。

只要執行者做得到六十分，就應該視爲「及格」。管理者要有容忍六十分的度量，對於剩下的四十分睜一隻眼閉一隻眼。

管理者的職責，是讓全體部屬「每次都能達到六十分」。如果部屬未滿六十分，就一起努力試著提高分數。當全員都達到六十分時，下次再提高標準，讓大家都做到六十五

主管的職責，是讓每一個人都能做到 60 分

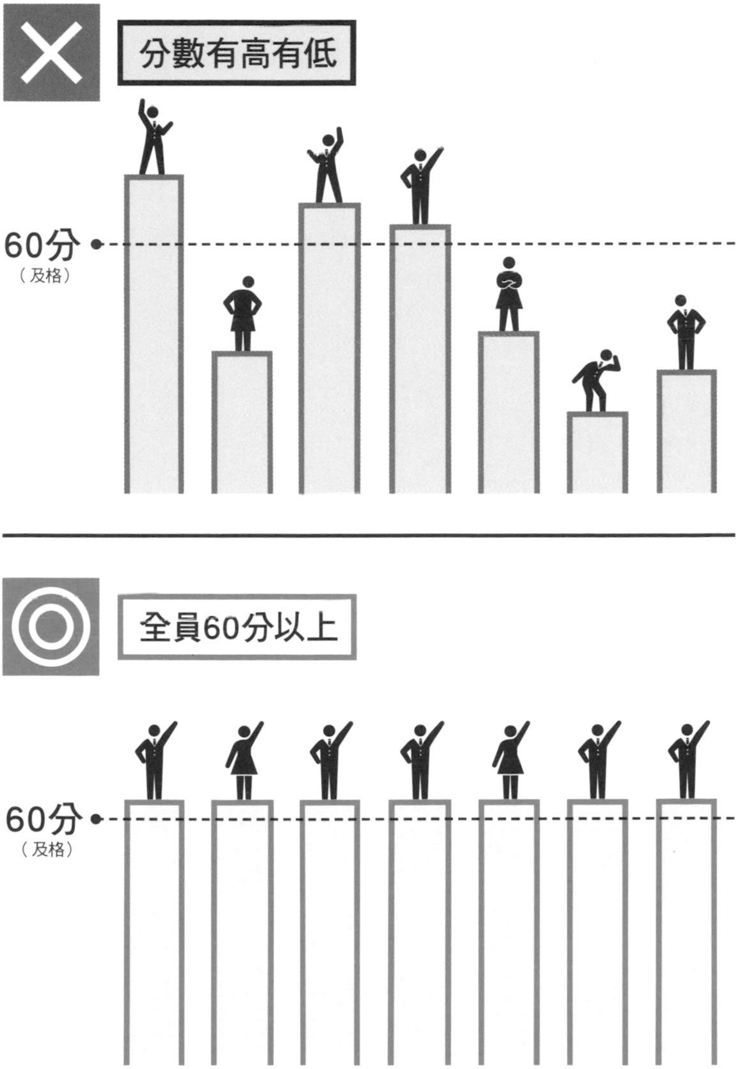

分即可。

在日本的企業中，優秀的執行者（工作成果能達到八十分以上的人才）通常會成爲管理者。他們當了主管後，也會要求部屬做到八十分以上。

然而，要求六十分的部屬一下子要做到八十分是不合理的。

首先該做的，**是徹底改善未滿六十分的不及格現象**。接著，在全員取得六十分後，再以「大家都做到六十五分」爲目標邁進，才是正確的成長模式。

執行者要強化工作能力 管理者則要提升團隊實力

在日本的企業中，經常可以看到優秀的員工直接被升爲主管職。他們一邊繼續執行第一線的業務，一邊擔負管理工作。像這樣負責業務執行的管理職，就是所謂的「校長兼撞鐘」。

我認爲這種蠟燭兩頭燒的狀況不應繼續存在，**別再抱持「只要是優秀的執行者，就會是優秀的管理者」這種錯誤觀念**。

執行者該有的能力，是提升自己的工作成果（努力取得八十分）；管理者該有的能力，是讓每個部屬都能做到六十分（對於有待加強之處要睜隻眼閉隻眼）。兩者需要的能力與負責的任務各不相同。

人類的能力有限，身爲執行者就算做得到八十分，也不一定能讓全體部屬都達到六十分。

如果有人之前是優秀的執行者，當上管理

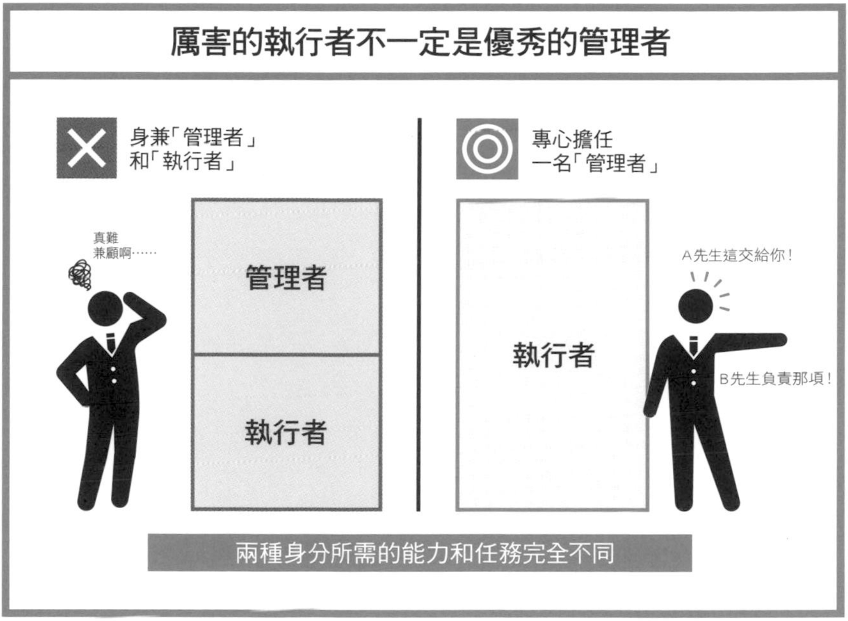
厲害的執行者不一定是優秀的管理者
身兼「管理者」
和「執行者」
真難
兼顧啊……
管理者
執行者
專心擔任
一名「管理者」
執行者
A先生這交給你！
B先生負責那項！
兩種身分所需的能力和任務完全不同

者之後也很優秀，那是因爲他體認到執行者和管理者的區別，放下執行者的身分，學習管理者的能力，並且專心當一位管理者。

如果你不得不身兼二職，也請學會換位思考，牢記「部屬的工作能做到六十分就及格」的原則。

只要部屬做到六十分，就應該當作及格了。管理者要有容忍六十分的度量。

打造一流團隊
CEO出口治明
終極心法！

⑬ 不要什麼事都自己做：相信部屬能夠做到

「無法交辦工作」的主管有三個共同特徵

有些主管寧可「自己做到死」，也不願將工作交辦出去。這類凡事都要親力親爲的主管，有以下三個特徵：

①不瞭解「人類的能力和可用的時間有限」
②無法接受部屬的工作成果是六十分
③判斷速度太慢

①不瞭解「人類的能力和可用的時間有限」

因爲欠缺「人類並不完美，個人能力有限」的認知，才會誤以爲一人萬事皆可爲。無論是多麼優秀的人，頂多只能做二至三人份的工作量。

只要明白「自己的能力有限」，就會去思考要把工作交辦給誰、要找誰一起來做，不讓自己落入工作堆積如山的下場。

②無法接受部屬的工作成果是六十分

「如果自己做的話，一定有八十分以上；

「無法交辦工作」的人有三個特徵

1 不瞭解「人類的能力和時間有限」

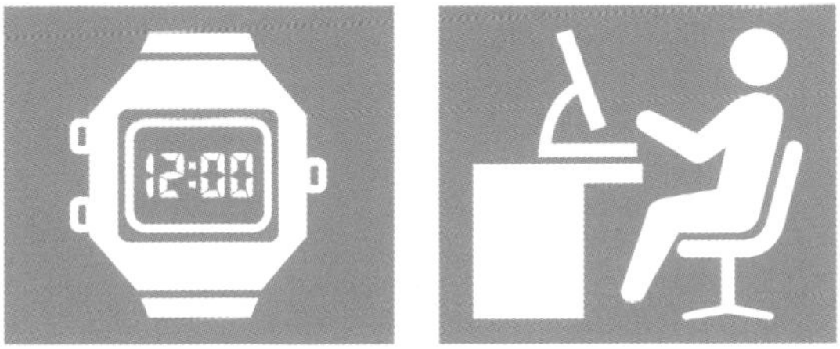
12:00

2 無法接受部屬的工作成果是60分

60 分
我自己來做會
更好……

3 判斷的速度太慢

先自己做……
因為時間快不夠
了……
這些交給
你們！

一旦交辦給部屬，就只剩下六十分了。既然這樣，不如我自己來做吧！」如果你這麼想，就表示你缺乏對世事的洞察力。

既然人類的能力、時間和資源都有限，工作就不可能十全十美，所以要接受部屬「有六十分就及格」。如果放不下那做不到的四十分，就無法交辦工作。

但是，若是一直安於六十分，就無法幫助組織成長。因此，確認全員都能做到六十分後，下次再往上多加五分、十分，這一點相當重要。

③判斷速度太慢

一流的足球選手，在球即將傳過來的瞬間，就要判斷下一步是運球、射門或是傳球。若是猶豫不決，就會被對手將球抄走。

判斷速度太慢，原因之一是不信任別人。因爲不信任，才會認爲與其交給別人，不如全部自己來做。

不信任部屬的主管，會把「交辦工作」視爲最後一個選項。一開始先自己埋頭做，等到手邊堆滿工作，期限又快到的時候，才急急忙忙交辦出去。延遲交辦工作的結果，就是爲時已晚，落得「連六十分都做不到」的下場。

稱職的主管下判斷快而準能適時將球傳出去

稱職的主管，很懂得如何適時將球傳出去。當球（工作）進到自己的部門時，可以根據工作的內容和狀況，立即判斷「這件事要交辦給他」、「他看起來很擅長那件事」，不會全部堆在自己手上，而是願意信任部屬，迅速交辦工作。

為了提升對市場的影響力，企業必須不停地加快速度。因此，盡早將工作交辦出去才是明智之舉。

一流主管這樣做

POINT 完全信任

1. 理解自己的能力和可用的時間有限
2. 部屬的工作成果只要六十分就及格
3. 迅速決斷，信任部屬，交辦工作

稱職的主管懂得適時把球傳出去

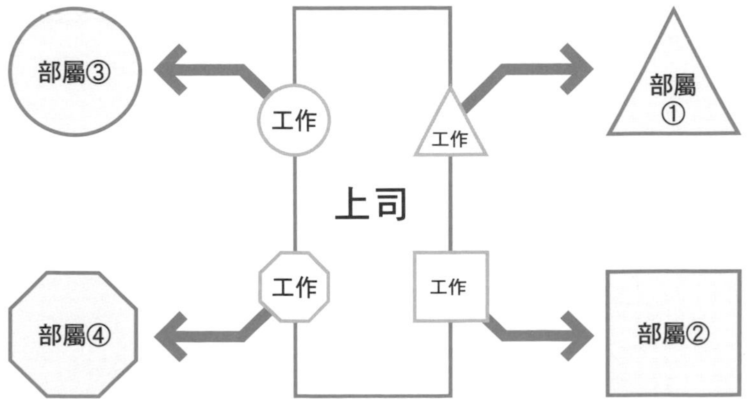

能夠迅速判斷「要把什麼工作交辦給誰」

⑭ 激發部屬的工作動力：展現你努力的模樣

唯有讓部屬充滿幹勁交辦的工作才會收到好成果

不論主管再怎麼信任部屬，將工作交辦給他們，若是部屬提不起勁，或許連六十分的成果也無法達成。

即使主管瞭解「執行者和管理者的能力與任務不同」，適時地委派工作，部屬也未必能完成符合要求的任務。

不管主管再怎麼努力，若是部屬缺乏工作動力，就沒有意義。

若是遇到這種狀況，要怎麼做才能讓部屬充滿幹勁呢？

要怎麼做，部屬才會主動產生「希望將工作交給我」的意願呢？

我認為主管想讓部屬動起來（管理者激勵執行者變得積極）的話，可以考慮下列三個做法：

①**讓他喜歡主管**
②**讓他看出彼此的能力有壓倒性差異**
③**讓他看到主管拚命工作的模樣**

如果部屬提不起勁工作，就沒有意義

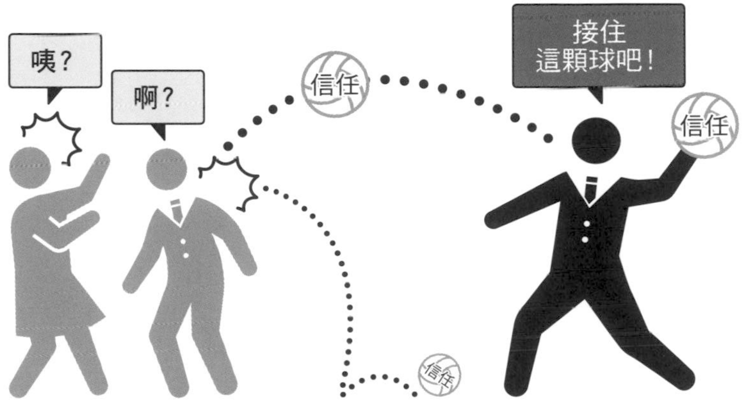
咦？
啊？
信任
接住
這顆球吧！
信任
信任

即使主管再信任，失去動力的部屬仍然做不到60分

當一個值得尊敬的主管讓部屬充滿動力

①讓他喜歡主管

當一個受部屬喜歡的主管吧！主管和部屬之間若能創造有如戀愛般的良好氛圍，部屬就會「爲了喜歡的人，努力工作」。

如果部屬喜歡你，你就是大贏家。

就算你什麼都不說，部屬也會拚命工作，這樣的主管當得輕鬆愉快。

不過，人與人之間能否互相吸引，通常是出自本能反應，應該很難盡如己意吧。

對於主管而言，這一點最有效卻也最困難。但是還有其他可行的方法。

②讓他看出彼此的能力有壓倒性差異

只要讓對方清楚看出彼此能力的壓倒性差

異，就唯有服從一途。**如果和主管的能力有天壤之別，部屬就只能乖乖服從。**

讓他覺得「自己比不上這麼厲害的主管」、「因爲主管的能力超強，只能遵照他的指示」，部屬就會有所行動。

然而，這個方法也不太容易，因爲事實上每個人的能力相去不遠，不論是主管或部屬都差不多。

③讓他看到主管拚命工作的模樣

這個方法最實際。如果得不到部屬的喜愛，也沒有超強能力，就讓他看到自己努力工作的模樣吧。

只要你讓部屬發現：「這位主管比誰都拚命工作，時時刻刻想著工作上的事。我對工作好像不夠熱衷……眞是甘拜下風。」他就會對主管的指示言聽計從。

當然，切記不可以「裝忙」。就算再怎麼掩飾，如果你不是眞正投入努力，一定會被部屬看穿。

別忘了，**光說不練的主管不可能贏得部屬的敬愛。**

一流主管這樣做

POINT 有效激勵

1 要讓部屬變積極，就成為他喜歡的主管

2 要讓部屬變積極，就讓他明白彼此能力的差異

3 要讓部屬變積極，就展現拚命工作的模樣

激勵部屬積極主動的三個方法

1 讓他喜歡主管

2 讓他看出彼此的能力有差別

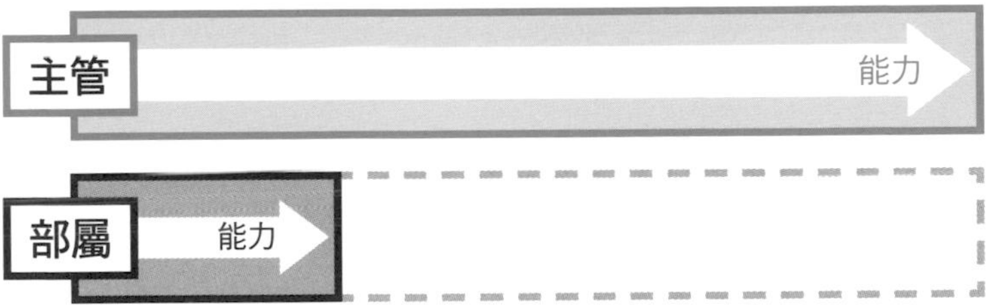

3 讓他看到主管拚命工作的模樣

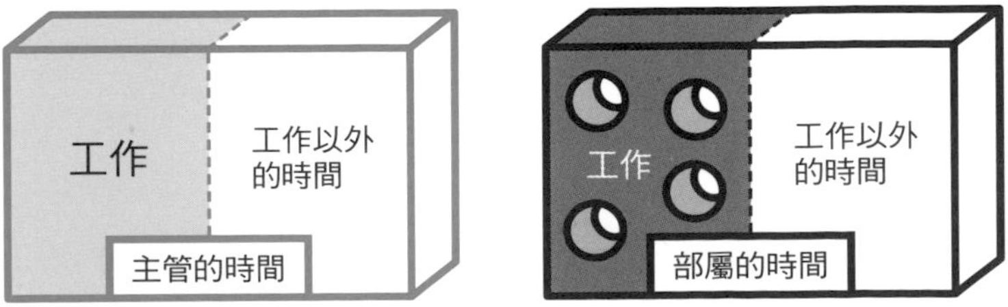

15 進攻者不必學會防守：把人放在對的位置

世上沒有所謂「全能型人才」優秀的主管必須知人善任

我前往美國針對投資顧問的業界生態進行研究時，關於基金經理人（負責投資顧問公司的資產運用）的養成方面，聽到頗爲耐人尋味的一番見解——

A公司的總經理表示，他們一向不打算培育出能夠應付任何局面的「全能型」基金經理人。

因爲，人各有所長。擅長進攻者往往苦於防守，擅長防守者通常苦於進攻。所謂的「全方位人才」並不存在。

既然如此，何不盡量讓善於進攻者專心進攻，精於防守者認眞防守？A公司的總經理斷然說道：「**沒必要教擅長進攻者學會防守，教擅長防守者學會進攻。**」

俗話說：「江山易改，本性難移。」人的性格沒那麼容易改變。就算花費大量時間，想要將懦弱的人訓練得更強勢，也難以期望會有什麼明顯的變化。

既然各有所長，那就各司其職

✕ 想要培養出「全方位人才」

咦？
不光是踢足球，
也要學會打網球

◎ 把各種工作交辦給「擅長的人」

A先生
適合做
這部分
B先生負責
那部分
是！
是！

既然如此，不如**把適合的工作交辦給擅長的人，才能獲得最佳成效。**

所以，當行情上漲時，就起用決策果斷的基金經理人；當行情下跌時，就選擇思考謹慎的基金經理人。

這個做法很特別，不全部委託給同一個基金經理人操作，而是視行情變化，讓兩人互相搭配。

因此，觀察目前的局勢發展（行情的漲跌變化），配合局勢委任不同的負責人，可說是總經理（主管）的重要工作。

我很贊同A公司總經理的想法：人各有所長，所以要把工作交辦給擅長的部屬。

可惜的是，我發現日本企業的人才養成，與其說是「盡量發揮專長」，不如說是「極力隱藏弱點」。

思考人才的配置時 必須衡量實際成效與得失

舉例來說，日本企業會對在哈佛大學法學院進修的員工大肆宣揚「踏實勤奮地工作比較好，所以從頭開始累積業務經驗吧」，或是「不要崇尚美國，來看看鄉下的實況」這一類毫無成效的空洞理論。

換作全球化企業，絕不會這樣安排人事布局。它們**會衡量實質利益與得失後再做人才配置，找出該員工能夠立刻展現能力的位置**：

「你雖然還年輕，但因爲精通法律，所以拔擢你擔任法務部副部長，希望由你重新擬定公司的法規體制。」

交辦工作時，請將適合的任務委派給擅長

的部屬，這樣才能獲取實際成效。

至於部屬不擅長的工作，不要強迫他「學到會爲止」，就像基金經理人的例子，把這些事情分配給其他人，彼此互補即可。

讓善於進攻者專心進攻，精於防守者認真防守，交辦的工作才會有最佳成果。

打造一流團隊

CEO出口治明

終極心法！

讓善於進攻者進攻，精於防守者防守

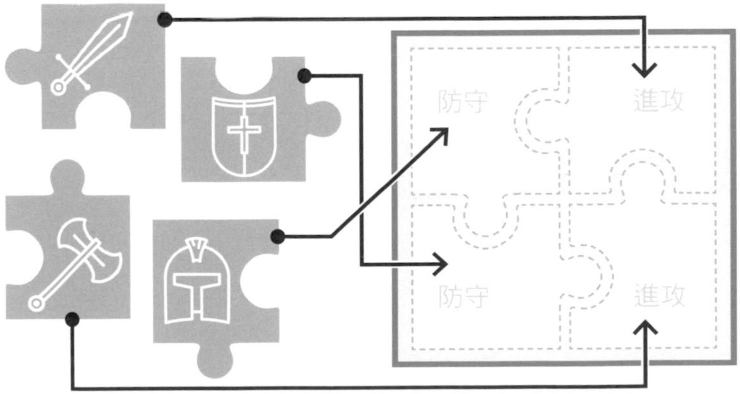

請他做擅長的事，不擅長的事就交給別人

⑯ 尊重每個部屬的個性：不要硬把尖角磨圓

善用天然的石材築牆 不要強迫員工修改缺點

我認為，要求部屬「發揮優點，修正缺點」優點或缺點是每個人「突出的部分」，也是荒謬的想法。

就是「個性」。

人都有與生俱來「突出的部分」，它們就像三角形的頂點。若是不明就裡，以「會刺痛別人」為由削除尖角、強制磨圓，結果就是導致「面積變小」。

人的欲望或能力，和面積大小成正比。因此，身為主管的人，不要試圖磨除部屬「突出的部分」。

「發揮優點」和「修改缺點」的作用會互相抵銷（一旦追求某方面，就會犧牲另一方，無法兼顧）。看見了**部屬「突出的部分」，不要磨除，要保留下來。人應該是「比小圓更大的三角形」**。

一般認為，如果組織裡全都是「尖銳的人」，便無法團結一心。然而，正因為「不

保留突出的部分，才能打造強大的組織

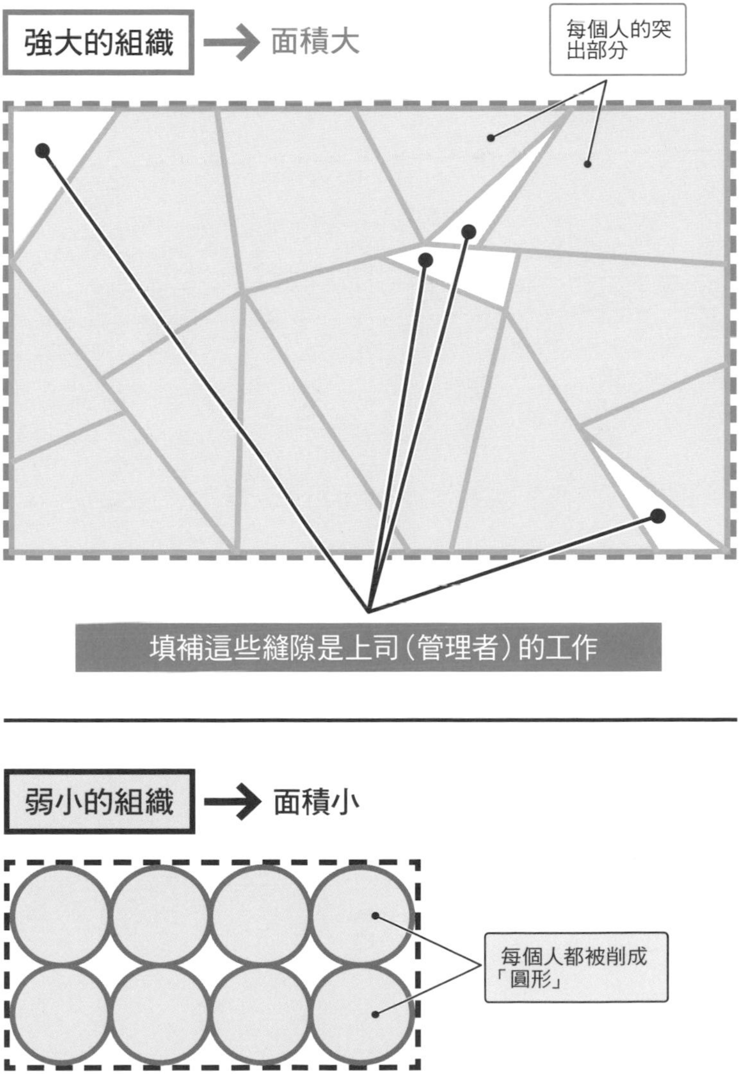

磨圓，直接任用尖銳者」，組織才會強大。

去看看戰國時代的「石牆」，天然的石頭不經加工，直接組合堆砌，在石頭與石頭的縫隙間塞滿小石子補強。組合形狀不同的石頭相當費事，但正因如此，才能建造出堅固的石牆。

組織也一樣。工作不可能單打獨鬥完成，而是需要團隊合作。**就算形狀各異，只要藉由組合搭配，蓋出堅固的石牆就好。**

組合搭配時，如果出現縫隙，就塞入小石子來填補、連結。填塞小石子正是上司（管理者）的任務。

與其勉強改變部屬的個性，不如活用其個性，配合各自的特點完成工作。一旦把大家修整成相同的形狀，就會失去每個人的個性和強項吧。

不需要克服弱點
而是盡情發揮所長

主管和部屬的關係，若能以「你交辦，我執行」的模式互動當然最理想。但眾多部屬之中，或許也會有「不想被交辦工作」的人。

就算要讓全體員工都擔任管理職，也未必每個人都願意。**漠視部屬的想法，強加主管的價值觀，無異於一種職場暴力。**

公司裡多半的業務可說都是例行公事。不會出錯、能迅速處理單純事務作業的人，對於公司而言是相當重要的角色。這類抱持「與其從事責任重大的工作，更想在常規作業上發揮實力」想法的人，請不要委派給他們必須承擔重責的管理階層工作。

不瞭解「人各有所長」這個道理的主管，

應該讓每個人發揮各自的長才
A擅長事務作業
B具備業務能力
與其克服缺點，不如打造能讓眾人發揮長才的團隊

總是認爲「只要繼續認真努力，一定能克服弱點」。我很反對這樣的想法。

人應該盡情發揮長才。找來各具長才的人，組成一個強大的團隊，才是合理的做法。

說得極端一點，人不需要克服弱點。弱點就由其他人來補足，由其他人來教導。這正是團隊存在的目的。

每個人「突出的部分」就是「個性」。直接活用這些個性，讓各種形狀互相配合，組織才會強大。

打造一流團隊
CEO出口治明
終極心法！

⑰ 摸魚的員工是必要的：懶惰是人類的天性

社會以「二：六：二法則」構成
公司裡有摸魚員工才正常

我認為「部屬會摸魚是主管的錯」。因為主管忘記自己的本分，沒有給部屬事情做。主管應該交辦工作給部屬，讓他有事可忙。

話雖如此，遺憾的是摸魚的狀況無論如何不會根除。

在一個團體裡，通常以「兩成、六成、兩成的比例」，分成三類族群。就是所謂的「二：六：二法則」。

①頂端兩成：提高收益或生產力的優秀族群（拚命工作組／爭取交辦工作組）

②中間六成：無法歸類於頂端或底層的平庸族群（正常工作組）

③底層兩成：業績或生產力低下的族群（摸魚組／閃躲交辦工作組）

有趣的是，就算拿掉頂端兩成的優秀族群，剩下的八成員工仍會以「二：六：二」的比例分成三個族群。

同樣地，就算沒有那兩成的墊底族群，其他人也會再以「二：六：二」的比例分組。

每個團體都以 2：6：2 的比例組成

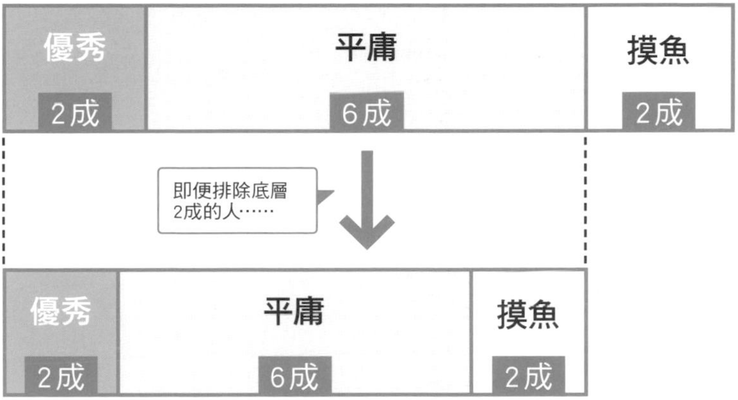

2 成的摸魚員工可視為突發事件的機動部隊

「爲了提高生產力，把墊底族群全部開除吧！」這麼做不會有效，因爲剩下的八成員工，仍然會再形成墊底族群。

有一說是「兩成墊底族群」的存在有其必要，理由是「爲了應付緊急或突發事件」。遇到突發事件導致人力不足時，不見得要以優秀員工投入支援。

反之，因爲「墊底族群」（摸魚組）的時間和體力都還游刃有餘，頗爲適任。就像軍隊中的「機動部隊」（非一般編制，隨時伺機而動的部隊），公司裡也必須有機動部隊。墊底族群正適合視爲機動部隊。

假設「二：六：二法則」的理論正確，團體裡就是要有兩成墊底族群，那麼正常的公司也不可能例外吧。

對於兩成墊底族群之中「閃躲交辦工作的部屬」，無論如何都欲除之而後快的主管，或許完全不瞭解社會的組織和結構。

人無法以百分之百的力量工作　循序漸進發揮力量

在成立 Lifenet 生命保險前，日本生命保險公司的老前輩問我：「要當一位社長，得做好什麼樣的心理準備？」

我回答：「因爲員工都很優秀，只要大家發揮百分之百的力量，就會是家好公司。」

前輩聽了，告誡我：「如果以百分之百的力量工作，很快就會累垮吧。

人通常是用百分之三十或百分之四十的力量來工作，能做到百分之五十就算不錯了。因此，經營者該思考的是，初期先讓每個人以百分之五十的力量工作，之後再慢慢花時間讓他們從百分之五十提升到百分之五十五，從百分之五十五再到百分之六十。不能老想著要員工立刻發揮百分之百的力量。」

這番話我覺得相當受用。

人類天生就有惰性，而且社會是以「二：六：二法則」所構成。在這個前提下，仔細考慮「要把什麼樣的工作交辦給哪個員工」，乃是上司的職責。

一流主管這樣做

POINT 接納包容

1 團體以「2：6：2」的比例，分成三個族群

2 不用試著排除「兩成墊底」的族群

3 必須讓部屬循序漸進地發揮力量

人無法以 100% 的力量工作

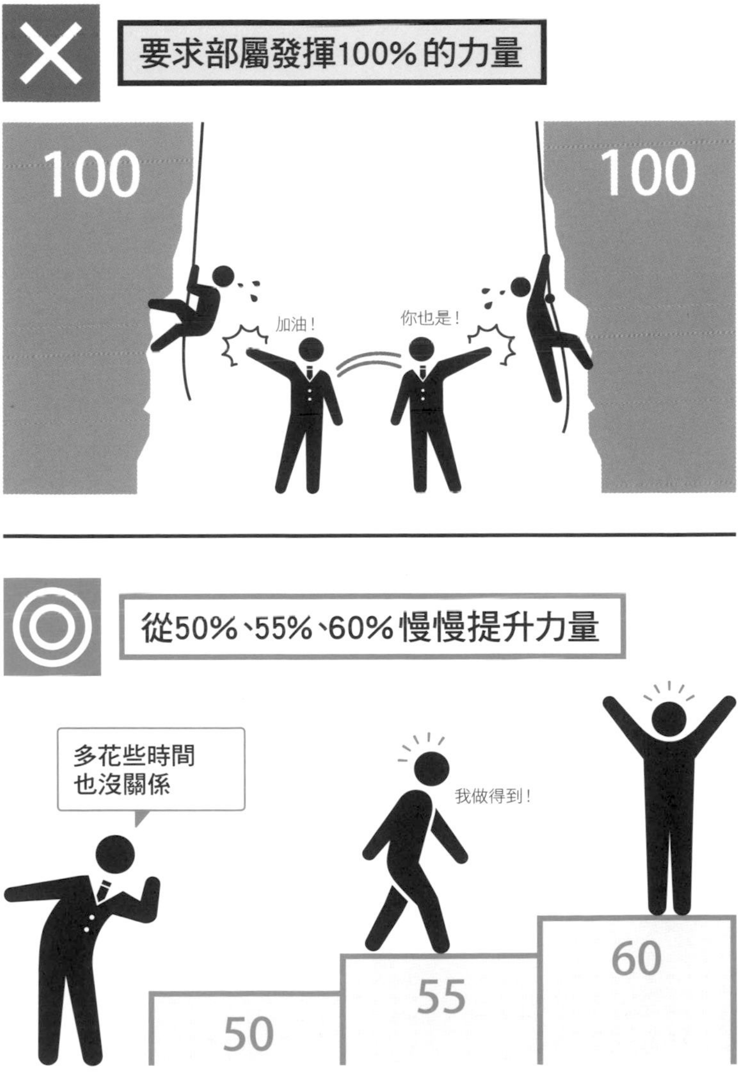

⑱ 與人交談並大量閱讀：加強自身洞察能力

觀察部屬的適性和周遭的狀況
不讓「適才適所」淪為口號

交辦工作給部屬時，必須根據以下兩點做出判斷：

①部屬的適性（適合／不適合、擅長／不擅長、優點／缺點）
②周遭的狀況（目前的局面如何）

①部屬的適性

交辦工作時，主管必須針對部屬的適性，來改變交辦工作的「內容」和「交辦方式」。

因此，一定要充分瞭解部屬的優缺點、擅長與不擅長之處。

②周遭的狀況

前面提到A投資顧問公司的總經理，他之所以能讓不同類型的基金經理人一起共事，是因爲他能正確地判斷目前行情的漲跌情況。如果他無法解讀行情走向，就不會知道應該要提拔誰。

根據「部屬的適性」和「周遭的狀況」交辦工作

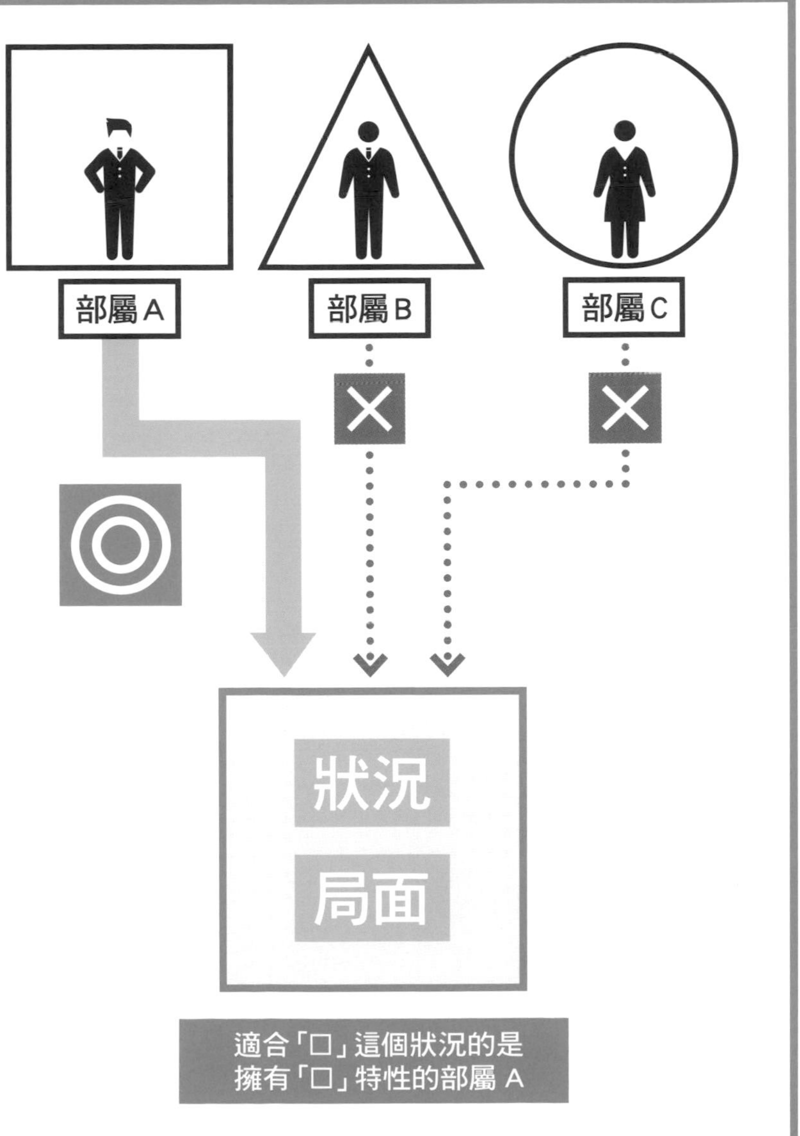

「適才適所」並不像口頭上講得那麼簡單。如果主管無法判斷「部屬適性」和「周遭狀況」，也就是欠缺洞察力，就無法辦到。

累積多一點經驗
把適合的人才放在恰當的位置

想要培養洞察能力，就必須累積經驗和資訊。

人類多虧了構造精良的大腦，可以任意從腦袋裡挑選各種線索進行組合排列。思考事物時，只要腦海中有眾多資訊，就很容易類推得知答案。

比方說，不動產業者想要評估一處「位於A鎮，距離車站步行約十五分鐘，旁邊有大型公園」的土地價值時，比較快速簡便的方法，是試著去回想有沒有條件相似的土地：

「和B鎮一樣的土地，之前每坪一百萬日圓。」「C鎮在十年前每坪八十萬日圓，現在漲了兩成，所以大概是一百萬日圓左右吧。」

不動產業者知道越多土地（＝資訊），就越容易進行評估。

人類社會有趣之處在於「沒有行遍天下的招式」。

就算知道基本方法，也不適用於所有局面，只能藉由仔細觀察，思考「在某種狀況下，哪個方法最好」。

因此，想要成爲一個「善於交辦工作」的主管，一定要加強對於人類或社會的洞察力。

「適才適所」相當困難。要全盤瞭解社會狀況、社會趨勢和變化、部屬的適性等，才做得到「在最適當的時機點，把最恰當的人才，放在最適合的位置上」。

所以，請多多磨練自身對於「社會結構、目前狀況、突破僵局的方法、交辦工作給誰、如何交辦」的思考能力。

總而言之，與人接觸、閱讀書籍、到處旅行，都能提升對人類及社會的洞察力。不瞭解人類和社會的本質，就無法達成「適才適所」的目標。

一流主管這樣做

POINT 知人善任

1 瞭解「部屬的適性」，盡量適才適所

2 判讀目前局勢，掌握「周遭的狀況」

3 累積經驗和資訊，提高「洞察力」

要做到「適才適所」，必須加強「洞察力」

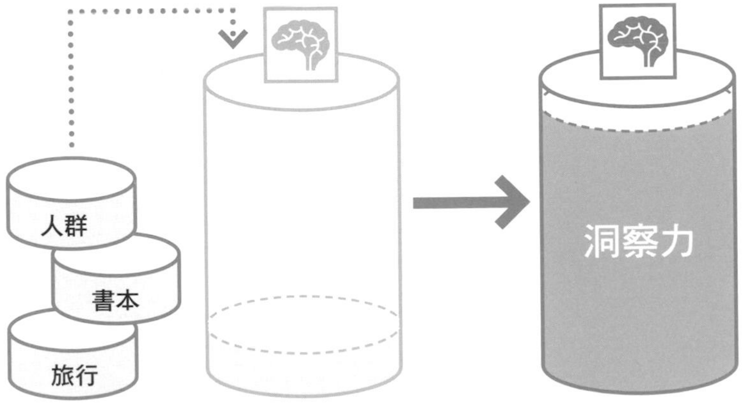

累積的資訊越多，越容易做出正確的判斷

19 好主管懂得培育人才：根據類型加以磨練

認清部屬的類型 再交辦合適的工作

我認爲人類的特質，大致上可分成「鋼鐵類」和「磚瓦類」。

- 鋼鐵類：得加重工作上的負擔，加以磨練的類型
- 磚瓦類：必須花費時間，悉心培養的類型

「鋼鐵類」要敲打鍛鍊，「磚瓦類」要費時慢慢燒製。**主管應認清部屬是「鋼鐵類」或「磚瓦類」後，再交辦工作。**

舉例來說，如果沒有看出部屬是磚瓦類，便拿釘錘敲打，一旦碎成土礫就沒有用處了。另一方面，想要鍛鍊鋼鐵類的部屬，最好的方法是「加諸負擔」。

我在日本生命保險公司時期，加諸部屬的負擔之一，是要求他們在業界的學術期刊上發表論文。

聽到這個要求，有些人不滿地說：「明明忙得要死，還要被迫發表論文！」

依不同類型改變磨練方法

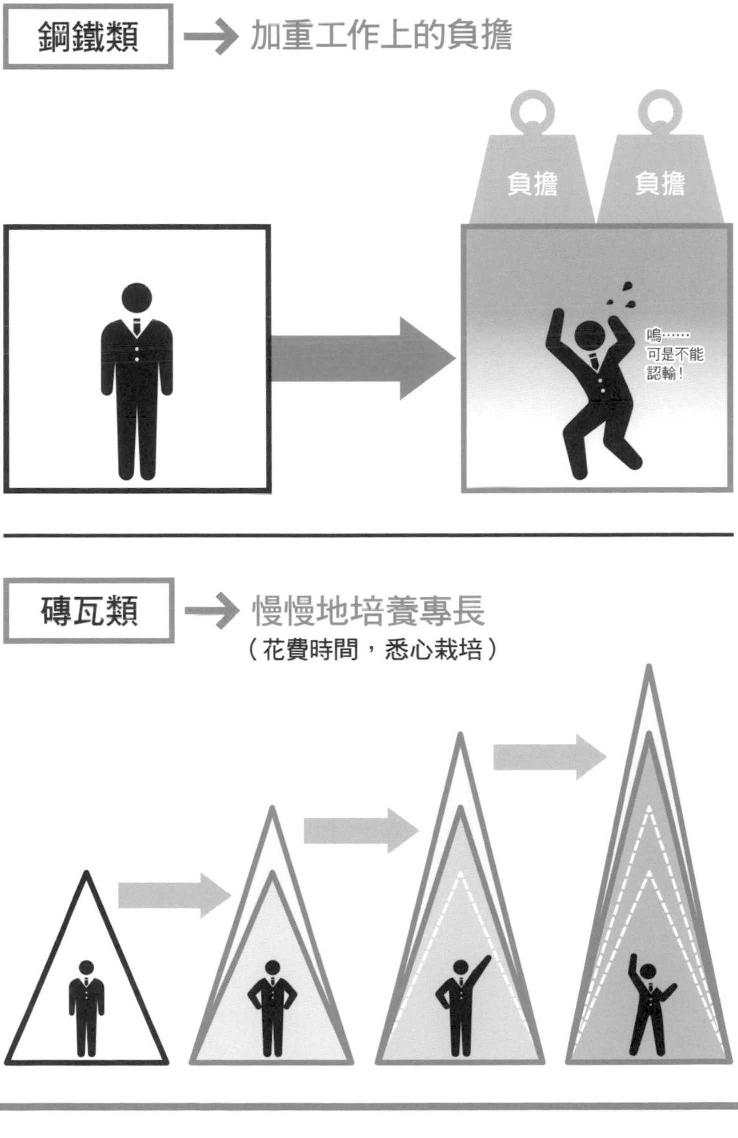

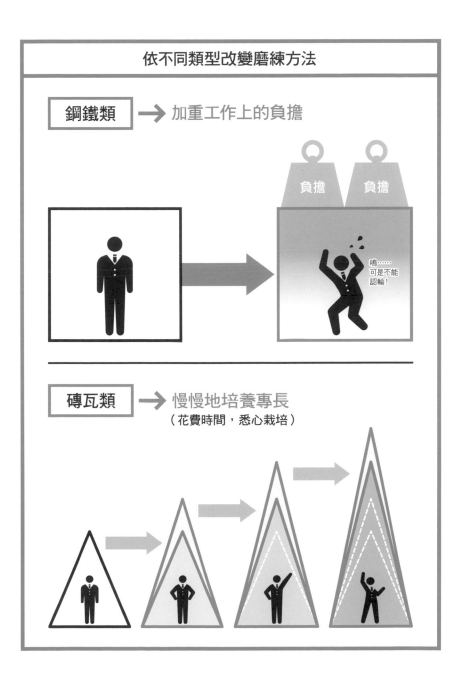

當時我這樣說服他們：「既可以賺稿費，還能自我成長。有錢拿又能變聰明，好處太多了。如果被選爲佳作，還能提升考績喔！」

於是，原本面有難色的部屬，都心甘情願地開始寫論文了（笑）。

空洞的精神激勵法
無法培育人才

鍛鍊鋼鐵類部屬時，要用釘錘不斷敲打，才能冶鍊成鋼。所謂的敲打，**不光是加諸負擔，提供誘因（激發動力的報酬）也很重要**。

一切的規畫，要讓本人願意接受，並認爲：「這是爲了我好，我就好好加油吧！」

最糟糕的方式是毫無根據的精神鍛鍊理

論。強迫部屬「沒和一百個人交換名片就不要回來」，是職場暴力。畢竟拚命埋頭工作，原則上應是自發的行爲。

「我會好好訓練你！」「要你看著我的背影成長。」會說這種話的主管都是笨蛋。令人只想回他一句：「你的背影有什麼？根本什麼也看不到啊！」

如同海軍大將山本五十六的名言：「做給他看、說給他聽、讓他嘗試，若不給予讚美，人不會主動。若不商量、傾聽、認同、讓他放手去做，人不會茁壯。若不懷著謝意細看對方的身影，加以信任，人不會成長。」

正因為信任對方，交辦工作，人才會成長。沒有根據的精神鍛鍊法，絕對無法培育人才。

磨練磚瓦類的人才，千萬不要敲打。有別

給予信任，交辦工作，培育人才

拋棄空洞的精神鍛鍊法，引導出部屬的自發性

於鋼鐵，磚瓦會在強力敲打的瞬間碎裂。

另外，**不要將尖角磨圓（不修改缺點）。一旦削除尖角，就會抹去個性**。不必隱藏弱點，盡情發揮長才。

然後，交辦給他擅長、適合的工作。但是，只交辦簡單的工作不會有所成長，選擇稍微困難、感覺上能增加部屬一成能力的工作最爲理想。

信任部屬，交辦工作，人才會成長。不合理且毫無根據的精神鍛鍊理論，絕對無法培育人才。

打造一流團隊
CEO出口治明
終極心法！

20 部屬加班是主管無能：提升員工的生產力

員工的工作時間越長 公司的生產力越低落

根據經濟合作暨發展組織（OECD）於二〇一三年公布的調查報告（見左頁圖表），日本人每年的工作總時數高達一千七百三十五個小時。

和英國、法國、德國相比，日本人的工作時數明顯比較長。

另外，日本每工時的生產力爲四十一．三美元。和美國、法國、德國相比，可以看出生產力相當低落。

工作時數這麼長，生產力卻如此低落，我認爲理由是「因加班造成的疲勞累積」。日本的加班時數，約是法國的三倍。疲勞長期累積的結果，就是生產力低落。

日本人往往認爲「工作越久，生產力越高」。這種想法完全沒有科學根據。

有瑞典學者曾研究指出：「在短時間內集中解決，才能提升勞動生產力。」

我認爲日本企業經常加班，是因爲誤以爲

「長時間工作的人很了不起」，以及上司的管理能力不足所致。

在終身雇用與年功序列的體制下，公司容易瀰漫一股「不能比主管早下班」的氛圍，好員工的評定標準扭曲成「要和主管一起留到很晚」、「不討厭假日加班」。

我覺得「年輕員工應該最早打卡、最晚離開」的論調完全錯誤而且過時了。雖然廢寢忘食埋首於工作也很重要，但這應是員工自發性的行爲，不該是迫於無奈所致。

另外，人手不足、工作過度集中於某些人、太多無用的會議等原因，也會造成工時過長。

維持合適的工作量與人力均衡是主管的職責。如果做不到，就是上司的管理能力不足。

總工時與勞動生產力

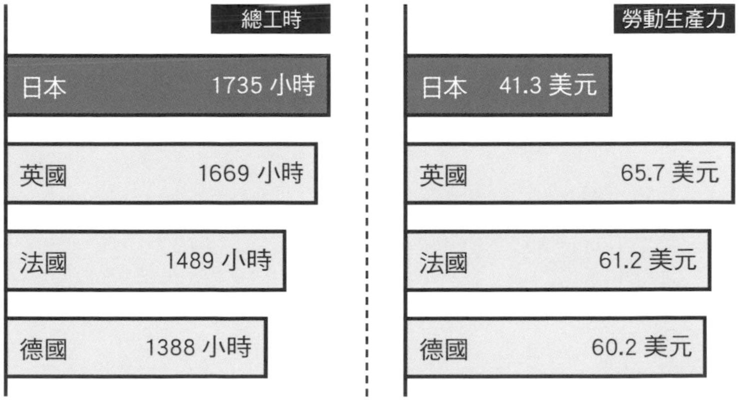

日本的加班時數為法國的 3 倍，每小時的生產力卻更低

不改變評價標準就無法提升勞動生產力

要改善加班情況，就要改變評價標準。

主管和部屬都要瞭解：最重要的莫過於提升勞動生產力，加班時間不是評價的標準。如此才能將焦點從工作時間換到「勞動生產力」。

工作拖拖拉拉，無法提升成效。所有的醫學報告都明確指出：**即使是年輕人，一旦長時間工作，仍會影響注意力和生產力。**

若上司的管理能力不足，就必須明訂「一般會議要在三十分鐘內結束，決策會議要在一小時內」、「原則上禁止加班。加班必須經主管同意」……等公司內規，徹底執行不加班計畫。

主管不可以強迫部屬「陪伴加班」，並且必須經常思考如何提升部屬的勞動生產力。

一流主管這樣做

POINT 提升效率

1. 「長時間工作的人很了不起」是錯誤的認知
2. 一旦上司欠缺管理能力，就會導致勞動時間過長
3. 若不改變評價標準，就無法提升勞動生產力

評價的標準是「勞動生產力」

21 帶領眾人往目標前進：領導者的三個條件

> 思考自己想要改變什麼
> 說服他人產生共鳴

假設某位董事被總經理交辦了一項新計畫，若是他暗自心想：「眞是麻煩。不過這是總經理的指示，無法拒絕。」那麼，這個計畫應該會失敗吧。**在不符合領導者條件的主管底下工作，部屬不可能發揮實力。**

在領導者的各項條件中，最不可或缺的是意志力、共鳴力、統率力。

① 意志力

所謂的意志力，就是「無論如何都想完成這件事」的堅定信念。

投入工作時，應該要「瞭解這個世界爲何，思考自己想改變什麼，自己能爲此做什麼（想做什麼）」，胸懷志向。

然而，世界之大，不可能靠一個人改變一切。必須思考在這個世界中，自己該做些什麼。

若是神明的話，就能立刻改變世界了，然而人畢竟不是神。既然如此，就在自己能

成為領導者的三項必要條件

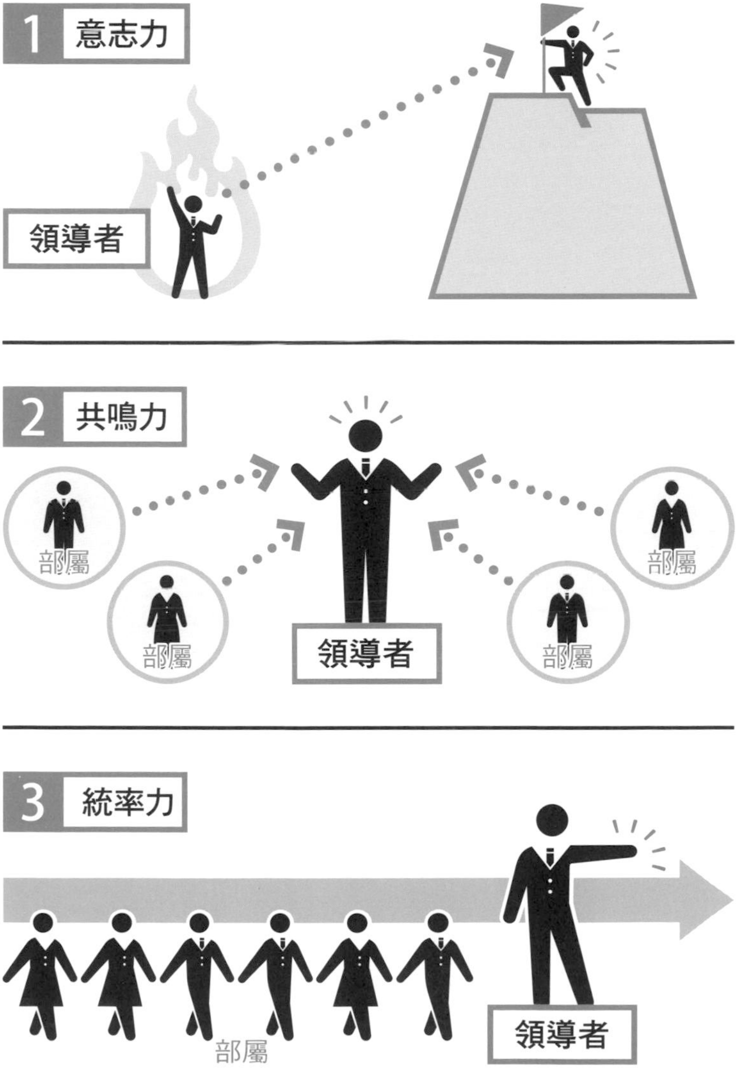

力所及的範圍內，想著如何讓世界變得更美好，並付諸實際行動。

我認爲「**秉持意志力，貫徹自我實力**」是**人類生存的意義**，是工作的意義，是創立社會的基礎。

② 共鳴力

就算想完成什麼事，只憑一己之力是做不到的，必須借助他人的力量。

領導者必須展現自己的意志力，**說明自己的想法，說服他人對這個想法產生共鳴。**

讓別人理解你爲何想做那件事、要怎麼做才能實現，讓別人有共鳴，是領導者必要的能力。如果只是滿腹牢騷，部屬不會有同感。

③ 統率力

任何計畫都免不了有高低起伏。無論發生什麼事都不要氣餒，要有帶領夥伴抵達目的地的統率力。

雖然要帶領大家走到最後，但如果是利用「別多嘴，跟著我走就對了」這樣的威權，就不具意義了。因此，與其說是統率力，不如換個說法：細膩的溝通能力。

對於能力較弱的部屬，不妨關心地問一句：「沒問題吧？」**觀察過周遭的環境變化和狀況後再開口，才是真正的統率力。**

接觸人群，大量閱讀，到處旅行 探究人類的本質

意志力、共鳴力和統率力是領導者的必備條件。在這之中，**如果缺乏堅定的意志力，最不適合成為領導者。**

要擁有領導者的條件，必須瞭解人類的本質

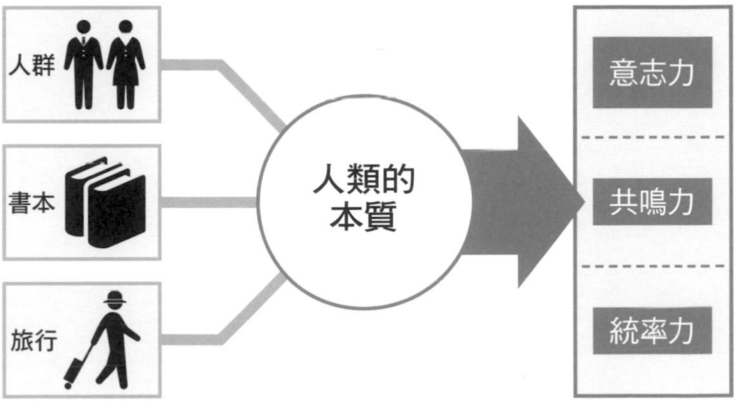

藉由人群、書本和旅行，觀察各種人類社會現象

要擁有這三項條件，就必須瞭解人類的本質。知道人類是什麼樣的動物，有什麼樣的行爲模式。

要探究人類的本質，最好的方法是接觸人群、大量閱讀、到處旅行，觀察各種人類社會現象。

想要擁有領導者的三個條件就必須從人群中學習，從書本中學習，從旅行中學習。

打造一流團隊
CEO出口治明
終極心法！

重點整理

1. 部屬的工作只要六十分就算及格。
主管要有容忍六十分的度量。

2. 執行者和管理者需要的能力與負責的任務各不相同，
兩者的角色難以兼顧。

3. 主管應瞭解人類的能力和可用的時間有限，
所以必須迅速判斷，交辦工作。

4. 讓部屬看到自己拚命工作的模樣，激發部屬的工作動力，
提起幹勁。

5. 讓員工盡情發揮所長，弱點就由其他人來補足。
交辦適合的工作，才能收到良好成效。

6. 具備洞悉周遭狀況的能力，在適當的時機，
把合適的人放在對的位置。

7. 領導者必備的三個條件：
意志力，共鳴力，統率力。

第4章

一流的公司！只有不適任主管，沒有不適任部屬

22 年輕人和你想的不同：新點子在別人腦中

我是六十歲男性 所以我雇用年輕人和女性

知名作曲家坂本龍一先生，曾經在某次專訪中提到：

「我沒有什麼天分。只是將之前聽過的音樂從腦袋中挑揀出來，串聯起舊音符罷了。」

雖然這是很久以前的事，但我仍記得他肯定的語氣。

從孩提時代就很喜歡音樂，一天二十四小時都在摸索音樂，自那時起吸收到的知識，成爲作曲的泉源。

坂本龍一先生在腦袋中輸入了各式各樣的樂曲音符，加以組合，再創造出全新的風格。

然而，一般人腦內的音符不像他這麼多，能組合的類型也少，無法產生出新點子。正因如此，才需要多樣化。**像年輕人或女性這類人才，擁有我腦中所沒有的音符，所以應該將工作委託給他們才對。**

必須廣納通曉各種音符的人才

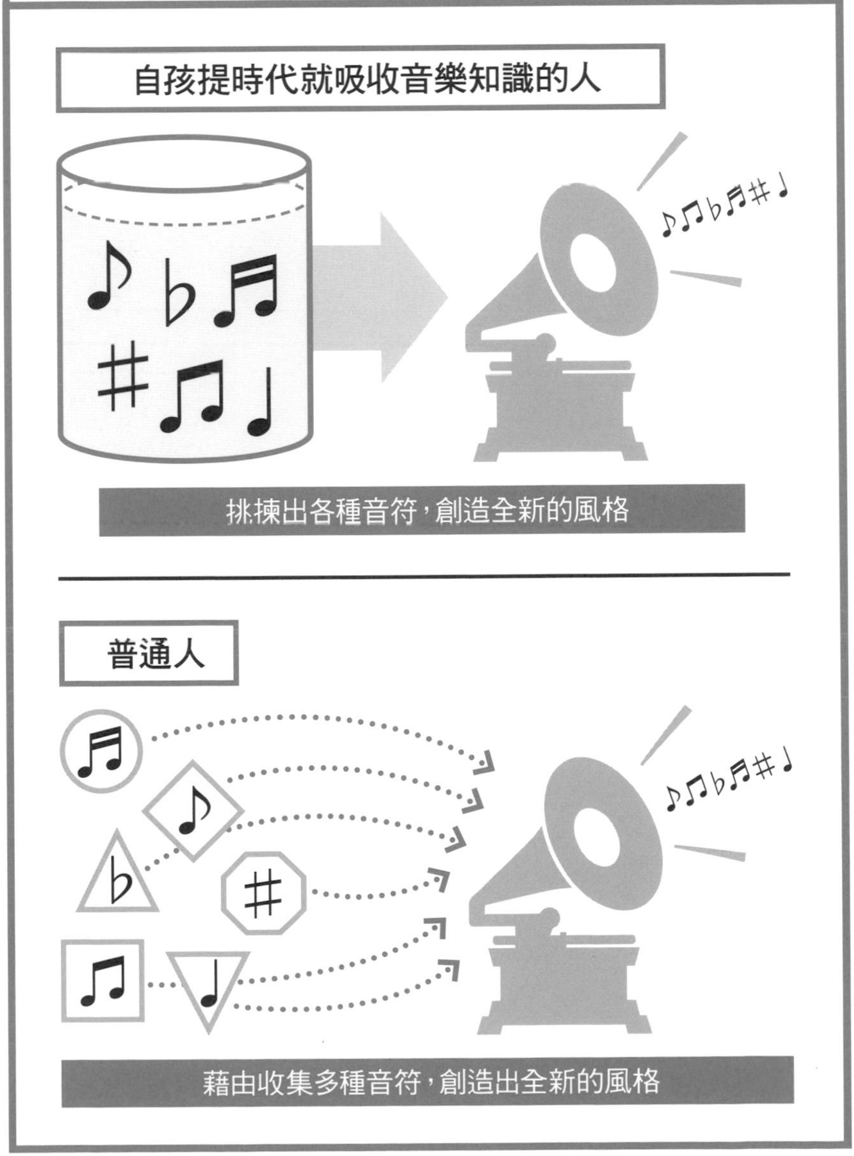
自孩提時代就吸收音樂知識的人
挑揀出各種音符，創造全新的風格
普通人
藉由收集多種音符，創造出全新的風格

每一個世代都擁有「不同的音符」

二〇〇九年夏天，有一位二十多歲的員工向我提出建議：

「我正在想一個新的網路企畫。請出口先生到多摩川的河岸地，在三個紙盤分別寫下身故理賠金一千萬日圓、兩千萬日圓、三千萬日圓，再將三種豆子分別放在寫有金額的紙盤上。把它們放在河邊的話，鴿子會飛過來吧？哪一個紙盤上的豆子最先被吃掉，就決定做那個保險。」

聽了他的話，我立刻破口大罵：

「你是笨蛋嗎？不要開玩笑！再看一次Lifenet生命保險的公司理念，去重新修改！」

那位二十多歲的員工冷靜地回答：

「就是因為六十多歲的人只想得出那種構想，所以才會行不通。但是二、三十歲的人要是看到這個企畫，一定會覺得『做出這種挑戰的壽險公司眞不簡單』。」

他繼續據理力爭：「如果沒有自信，我就不會提出這個企畫案。」

因此，我接受了。結果如何呢？非常成功！

Lifenet生命保險的網頁瀏覽量暴增，收到很多申請表。

當下我深刻地體認到，**六十多歲的人完全不瞭解二、三十歲的人。**

人往往誤以為六十歲的人也經歷過二、三十歲的時光，所以很瞭解年輕人的想法，但並非如此。

60 歲的人不瞭解 20 ～ 30 歲的人怎麼想

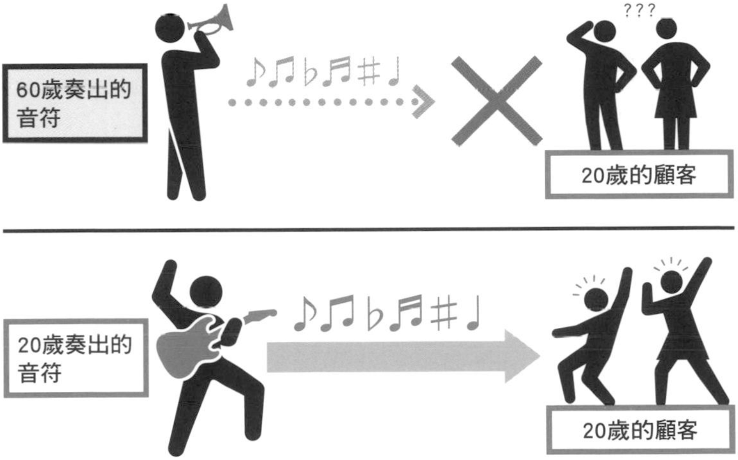

Lifenet 生命保險若是一間以六十歲的人爲對象的公司，我就能想出好點子。但，如果是以二、三十歲的人爲訴求目標，就交給二、三十歲的員工負責比較恰當。因為每個世代都有「不同的音符」。

年輕人或女性擁有我腦中所沒有的音符，所以應該將工作委託給他們。

打造一流團隊
CEO出口治明
終極心法！

㉓ 讚美和斥責要三比一：經常給予肯定評價

給予部屬肯定的評價滿足部屬受到認可的欲望

把工作交辦出去，會達到各式各樣的成效。對於被交辦者（部屬）而言，則會獲得以下三種好處：

①存在價值被肯定，充滿幹勁

人類有被認可的欲望（渴望獲得他人肯定），一旦這股欲望得到滿足，就會充滿幹勁並樂在其中，變得朝氣蓬勃。

被交辦工作，換句話說就是「受到主管信任，得到認可，獲得尊重」，因此工作動力會提升。

給予部屬肯定的評價，就能滿足部屬被認可的欲望。

簡單來說，就是「讚美」。

工作有六十分就算及格，對於剩下的四十分睜隻眼閉隻眼。一旦過度苛求「爲什麼拿不到一百分！」，部屬就會變得畏縮，提不起勁。

根據組織心理學家馬歇爾．洛薩達

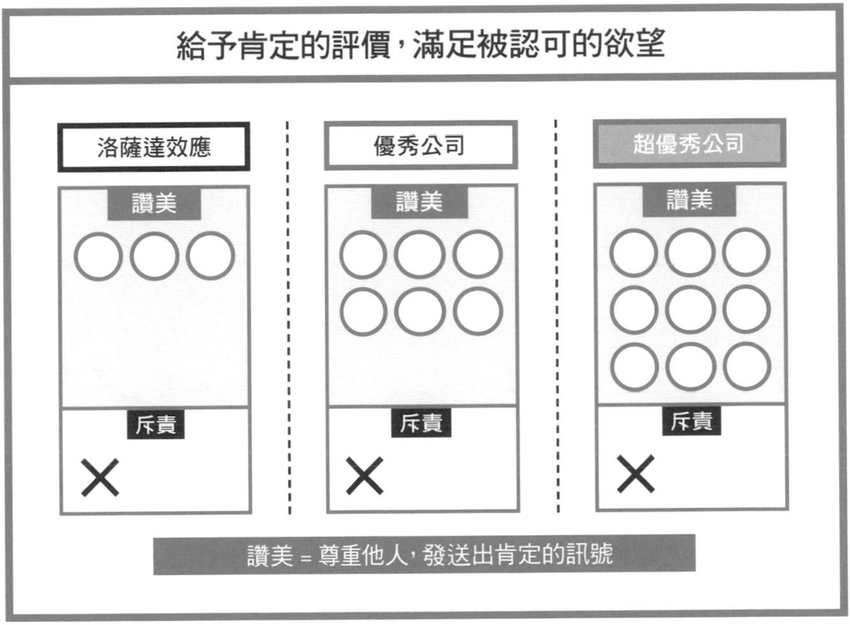

（Marcial Losada）所提出的洛薩達效應（Losada effect）指出，一個人得到「讚美」和「斥責」的比例如果不是「3：1」的話，就無法保持正向情緒。

聽說優秀的公司，讚美部屬（被交辦工作者）的比例是「6：1」，超優秀公司則是「9：1」。

會說出「能力差的員工不值得讚美」這種話的主管，表示理解得還不夠深入。我認為，在走廊遇到時微笑以對，或是打個招呼問好，都是一種讚美。「洛薩達效應」的本質意義是尊重每個人，向他人發送出肯定的訊號。

若被交辦工作 自然有所成長，學會負責

② 成長（拓展視野）

讓部屬挑戰更高階的工作，拓展視野。

能力造就人才，一旦更上層樓，就會爲了不負眾望而努力，自然有所成長。

並不是「因爲做得好，才交辦工作」，順序恰巧相反——

因為交辦工作，所以才做得好。

③ 具備負責感

一旦被交辦工作，就必須負起和權限對等的責任。

如果部長交代：「一週後的會議上，希望你代替我說明關於○○○的事。」就要如實準備、如期出席，當天不能以「還沒準備好」爲理由請假。

權限和責任相輔相成。既然被交辦工作，

若被交辦工作，自然有所成長

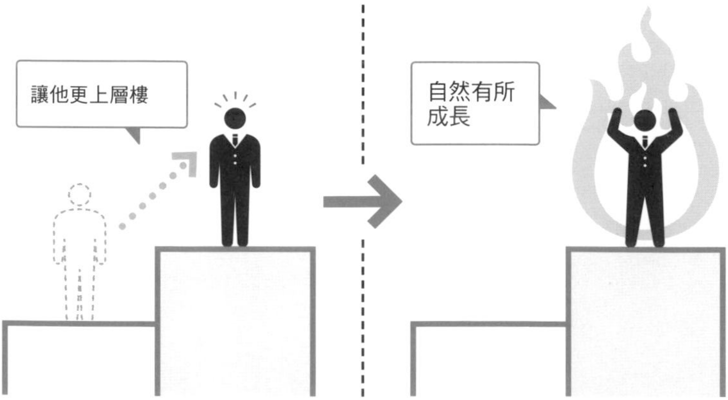

不是「做得好才交辦工作」，而是「交辦工作才做得好」

就必須負責完成。

所謂的責任感就是「無論何時皆須盡心盡力」。

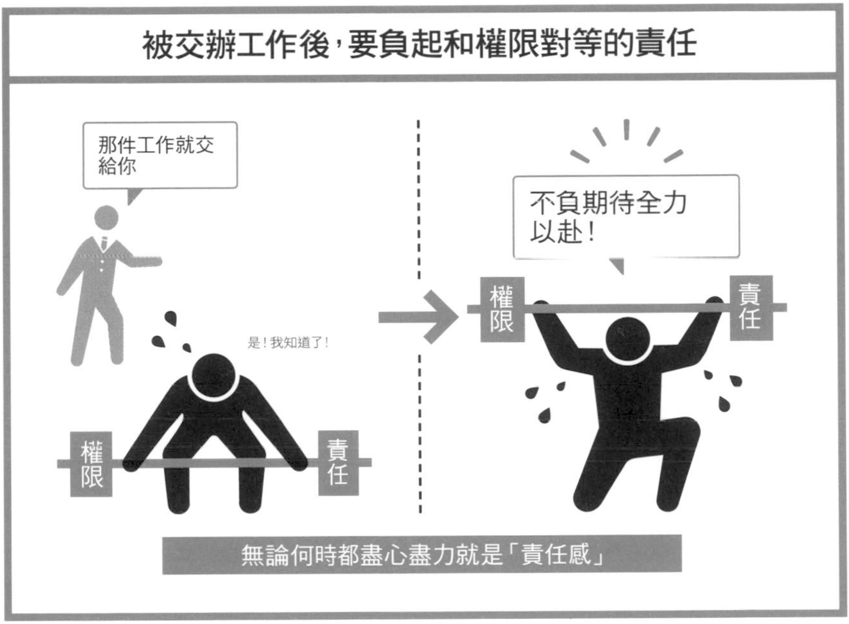

一流主管這樣做

POINT 給予肯定

1 交辦工作給部屬，就能激發他的工作動力

2 讓部屬更上層樓，自然會有所成長

3 交辦工作給部屬，使其當責，便能培養責任感

24 避免先入為主的成見：敞開心胸就事論事

調整情緒就是調整身體狀況

因爲人類是感情動物，難免會在臉上顯露出喜怒哀樂。不過，我認爲主管最好盡量克制情緒的起伏。

尤其不要流露出過多的好惡和憤怒。

據說人腦對於「好惡」的反應相當強烈，只看得到自己想看見的，或是會將事實扭曲成自己想看見的。結果就是不自覺地將自己的喜好帶入工作，遠離和自己工作步調無法一致的人。

然而，**一旦排除討厭的人、和自己不合的人，組織就會邁向同質化，失去多樣性。**

公司以營利爲目的。即使部屬的工作步調和自己不合，爲了公司的利益著想，還是得仔細聆聽對方的想法。

話雖如此，事實上我是個好惡分明的人。不過，無論如何我盡量做到「對任何事物不該抱持先入爲主的成見」。既然交辦工作，就該**對每位部屬敞開心胸，提醒自己「坦率**

「控制情緒」也很重要

1 情緒保持穩定

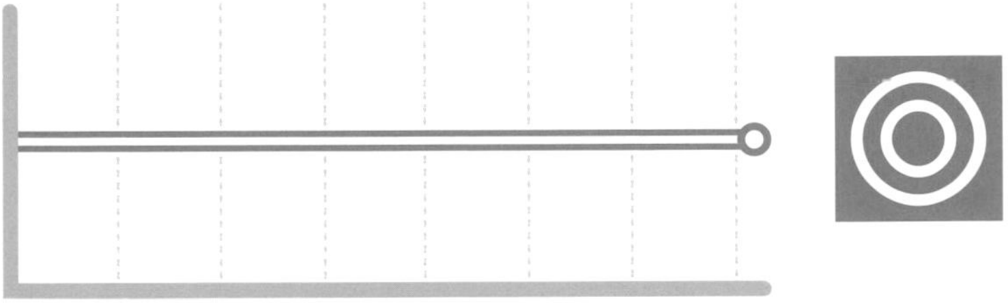

2 情緒起伏不定（太容易喜怒形於色）

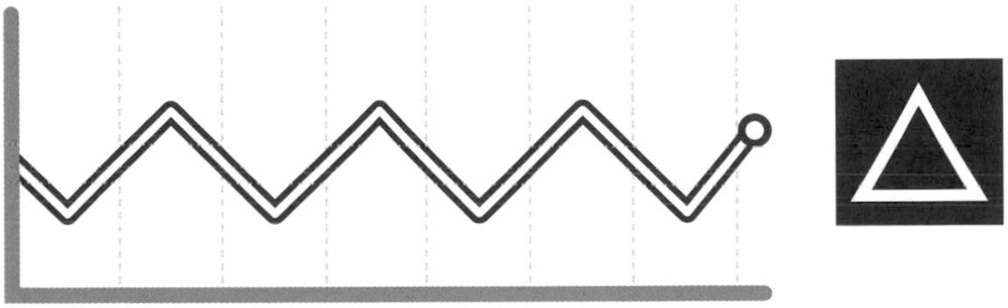

3 情緒起伏太激烈

看待，就事論事」。

也應該極力避免流露出憤怒的情緒。

上司握有人事權，光是坐在那裡，就散發出權威感。洛薩達效應已證明，世上沒有被罵還會開心的人。

根據我的經驗，要控制憤怒的情緒，下列兩種方法頗爲有效：

①調整身體狀況

一旦身體狀況不好，精神狀態就容易失調，因此要睡飽吃好。

②深呼吸

對方一旦惡言相向，就會氣得想立刻回嘴。這時先深吸一口氣，把嘴邊的話吞回去。做個深呼吸，利用這段空檔整理思緒，不說出情緒化字眼。

無論如何都壓不下怒氣
就讓它自然流露

如果無論怎麼做都無法克制怒氣，那就使出殺手鐧，成爲——

- 思緒容易被看穿的人
- 輕易外露情緒的人

日本生命保險公司時代的我，就是這種人。

當時，我被部屬說是「很好應對的主管」。之所以好應對，是因爲我臉上的表情完全看得出我的情緒。

「出口先生的表情只有生氣和開心。所以，若是挑選你開心時討論事情，很快就能達成共識。有麻煩的事要討論，就刻意避開你生氣時。應對起來很簡單。」

若是無法壓抑住起伏的情緒，索性將之表露無遺，成爲一位思緒容易被看穿的主管，部屬也能輕鬆應對。

既然交辦工作，就應該對每位部屬敞開心胸，就事論事！

打造一流團隊

CEO出口治明

終極心法！

如果情緒無法控制，就任它自然流露

感到憤怒時
先不要找他
看起來正在生氣
開心時
笑得正開心
去向他報告！

25 異質性越高戰力越強：雇用特質不同的人

如果第一線握有人事權
團隊默契就會變好

「團隊合作就是一切」是Lifenet生命保險的中心思想。對於員工的錄用，很尊重第一線人員的意見。

舉例來說，要從眾多符合徵才條件「在保險公司有三年以上審查新契約的經驗」的應徵者之中挑出一個人時，原則上會由所屬單位來挑選。

我只會大概看看對方「是不是誠實值得信賴的人」或「是不是表裡如一的人」等特質。

如果個性上沒問題，**要錄用誰就交由所屬單位團隊來判斷**。

一旦CEO或COO強勢主導人事權，就只會聚集一群迎合自己喜好或拍馬屁的人，不可能培養出多樣化人才。

所以，錄取新員工不要經由CEO或COO，而是交給第一線人員。我認爲**採取這樣的選才方法，團隊默契才會好**。

讓所屬單位決定要錄用什麼樣的員工

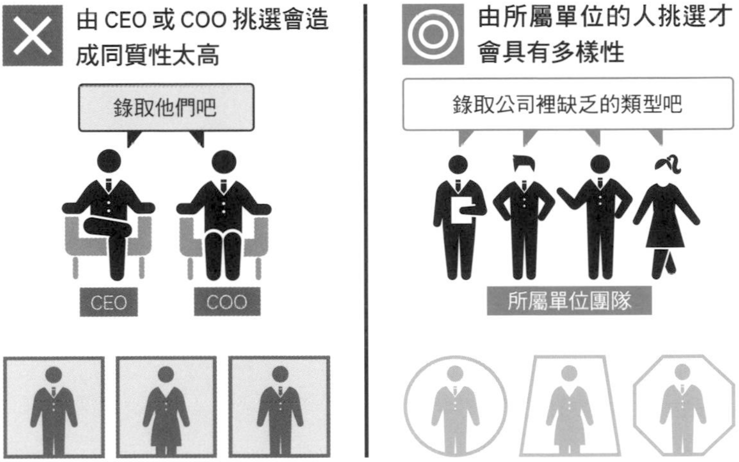
由 CEO 或 COO 挑選會造成同質性太高
錄取他們吧
CEO
COO
由所屬單位的人挑選才會具有多樣性
錄取公司裡缺乏的類型吧
所屬單位團隊

錄用一群異質性高的人為公司帶來新活力

中小企業若是想要促進多樣化，最快的方法就是錄用「和自己完全相反的人」、「公司裡欠缺的類型」、「特質不同的人」。

如果是二十歲者占多數的中小企業，就試著錄用四十歲的人。如果男性員工爲主的公司，就試著錄用女性員工。

若是想促成公司內部快速而大幅度地活性化，就錄用一群和自己完全相反、公司欠缺的類型、異質性高的人。

畢竟單槍匹馬不具戰力，也可能會被現有員工拉攏，所以不妨讓一整群新進人員帶來新氣象。

雖然錄用人數依公司規模而異，但一次盡

量選用四到五人，有助於打造異質性高的強大團隊。

舉例來說，我曾在新聞報導中看到，「Tempstaff人力派遣公司」是一間**善用「異質性的團隊力量」大幅推動改革**的公司。

原本Tempstaff裡面只有女性員工。創辦者篠原欣子女士發現，全都是女性的團隊有「擅長防守，苦於進攻」的傾向，因而自一九八六年開始錄用男性員工。

沒多久，想要守住既有權力的女性員工，與希望改革的男性員工之間，爆發了「戰爭」。甚至有七位男性員工，將寫著「不接受要求，我們就辭職」的聲明送到篠原女士跟前。

結果該公司的改革成功了。這是因爲錄用了一整群男性員工，打造出一個具有戰鬥力的團隊。

如果只錄用一位男性員工，不管他有多強勢，可能連改革的邊都沾不上吧。

一流主管這樣做

POINT 廣納百川

1 錄用人才不經由CEO或COO，而是交給所屬單位

2 錄用和自己完全相反、公司裡沒有、特質不同的人

3 為了活化公司，錄用一群異質性高的人

異質性組織能促進改革

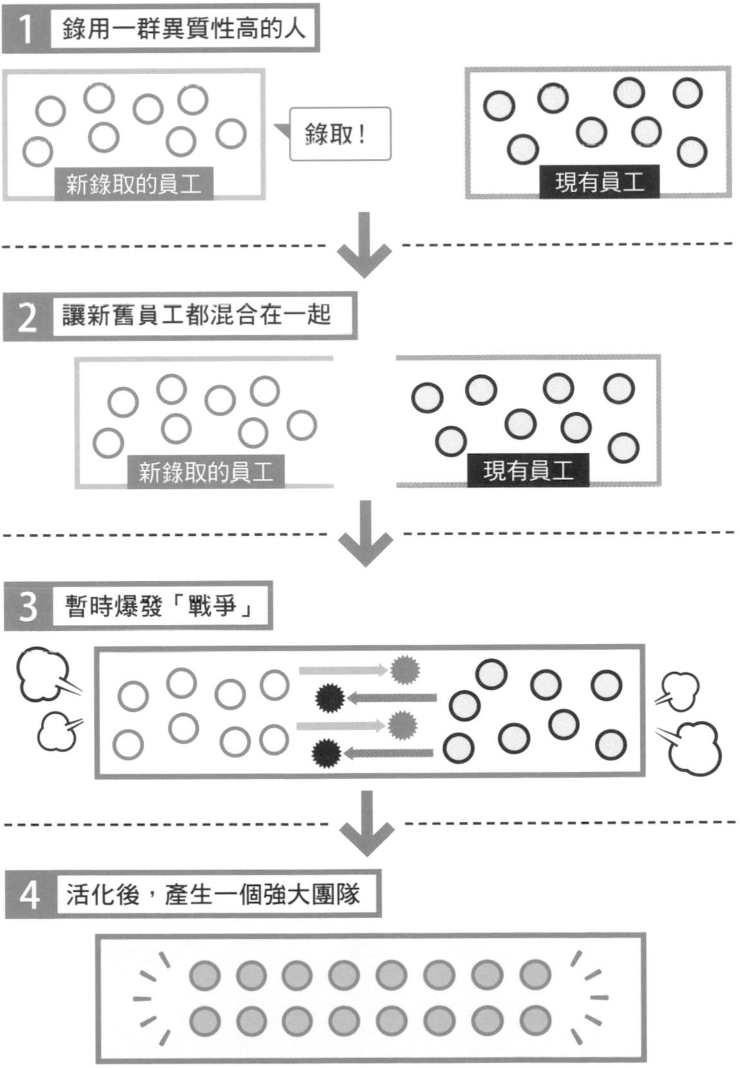
1 錄用一群異質性高的人
錄取！
新錄取的員工
現有員工
2 讓新舊員工都混合在一起
新錄取的員工
現有員工
3 暫時爆發「戰爭」
4 活化後，產生一個強大團隊

㉖ 專心做自己擅長的事：不懂的就交給專家

術業有專攻
不擅長的交給專家

俗話說：「術業有專攻。」麻糬店做的麻糬最好吃。各個領域都有精於此道者，交給專家最好。

許多中小企業的創辦者不曉得該怎麼和銀行打交道、不擅於和銀行往來，爲此感到相當苦惱。其實，只要到人力銀行的徵才專區尋找有經驗的前銀行人員，問題就解決了。

如果時間無限，能常保青春，自己學著和銀行打交道也未嘗不可。無奈光陰有限，**如果將時間耗費於不拿手的事，就無暇處理擅長的事情了。**

企業經營，速度至上。當你仍在學習不擅長、難以應付的事物，就錯失許多良機了。

想加快工作和經營決策的速度，我認爲最好的方法就是把自己不擅長的領域交給專家，自己的時間則用來做擅長的事。

在這種情況下交給外行人比較好

雖說術業有專攻，專業的事就交給專家處理，但也有例外的情況。

有時，反而是交給非專業人員比較好。那就是不想受到業界常規束縛時，或是必須站在消費者的角度時。

成立Lifenet生命保險時，有幾位相熟的同事也隨著我離開老東家。但我認爲，這群人對於保險的常識會造成阻礙，導致公司無法大幅度成長。

因此，我找來一位年紀輕、不懂保險的人才（＝岩瀨大輔）。我認爲，創辦一間全新獨立的保險公司是爲了造福消費者。

在Lifenet生命保險，申請醫療理賠時原

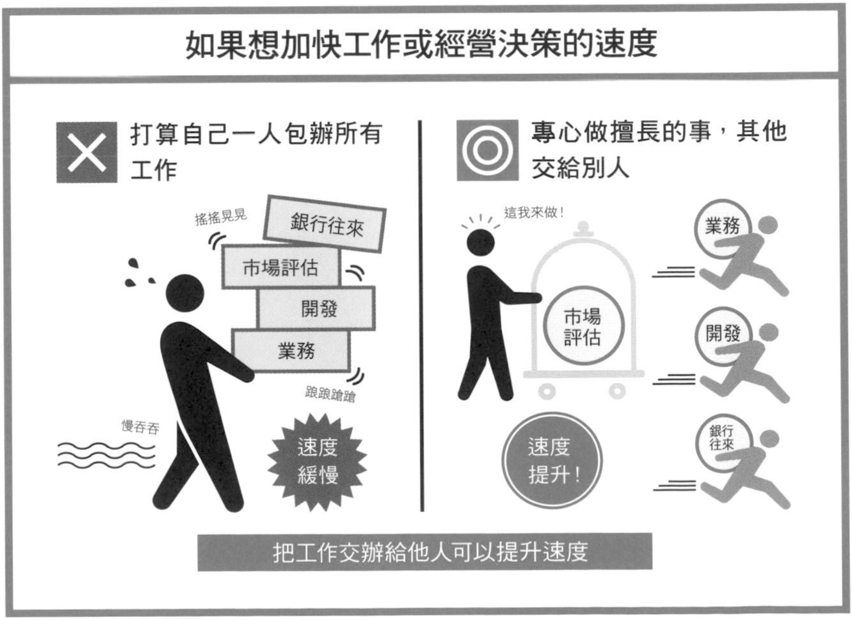
如果想加快工作或經營決策的速度
打算自己一人包辦所有工作
搖搖晃晃
銀行往來
市場評估
開發
業務
踉踉蹌蹌
慢吞吞
速度緩慢
專心做擅長的事，其他交給別人
這我來做！
市場評估
業務
開發
銀行往來
速度提升！
把工作交辦給他人可以提升速度

則上不需要醫師的診斷證明。當初提議「不需附診斷證明」的，就是年輕員工。

由於二〇〇八年修改了醫療機關的收據（明細表）相關制度，看診內容記錄詳實，只要看過收據或明細表，就能瞭解就診情況和診療支付點數。

獲知此事的年輕員工，認爲：既然看診內容這麼清楚，就不用特地附上診斷證明了，便向公司提議「不需附診斷證明」。

如果Lifenet生命保險的員工都是保險業界的老鳥，就不可能想出這個主意了。

落實簡易理賠申請，不用提供醫生診斷證明，能省下開立診斷證明的費用，也能大幅縮短理賠支付的時間。

交給「非專業人員」、「不受業界常規束縛的年輕人」的成果，就是達到貼近消費者的目的。

企業經營「速度至上」。最好將時間只用來做自己擅長的事。

這時交給專家，這時交給外行

交給專家時

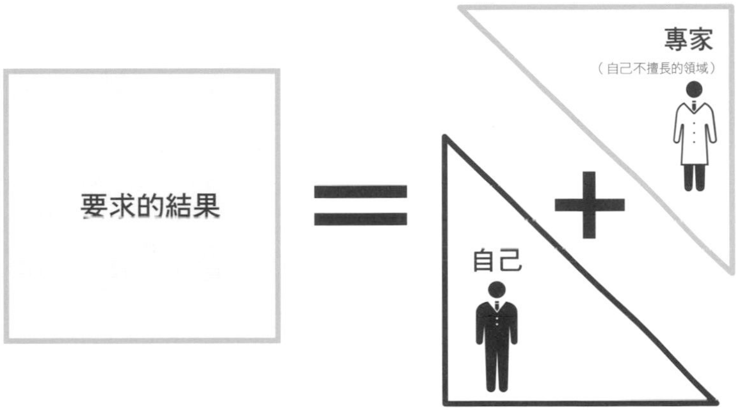

交給外行時

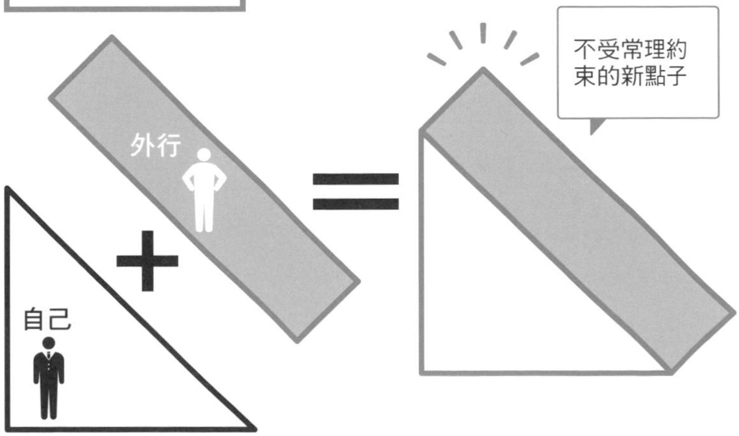

27 只保留公司核心能力：跟隨時代變遷速度

跟上時代的變遷 專注於擅長的領域

企業已經無法像過去的時代那樣，單憑「自給自足」（公司本身擁有一切業務相關資源）就能成功。

如果一切靠自己，無論在成本或速度方面，完全跟不上社會的腳步。

所以，將部分工作外包、將部分業務委託給其他企業（外部專業人士）也是選項之一。

舉例來說，服飾廠商打算推出新款毛衣。

一直以來，款式發想、畫設計圖、打樣生產、銷售成品等營業項目都是由公司自行完成。

如果公司內部要導入新型設備、要培育人才，將會耗時傷財。

因此，只要細分營業項目，把不擅長或不成熟的領域委外發包，就能集中心力專注於擅長的領域。

決定外包時，必須判斷「營業項目中哪個

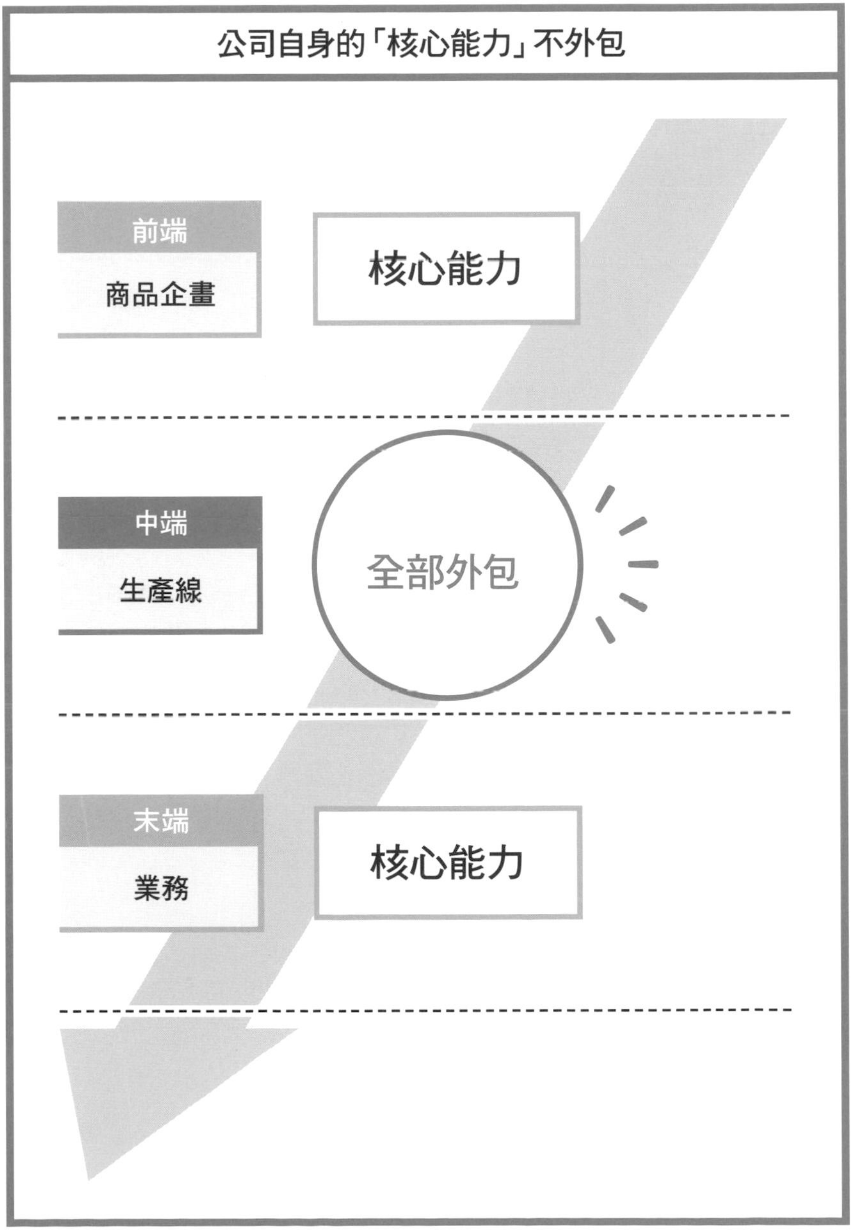
公司自身的「核心能力」不外包
前端
商品企畫
核心能力
中端
生產線
全部外包
末端
業務
核心能力

部分可以委外」。

判斷標準之一是「成本」。與其自給自足，不如思索「打算降低哪部分的成本」。

另一個是「核心能力」。對公司而言「附加價值最高的領域」不可以外包。

若是製造公司，附加價值高的通常是營業項目的「前端」和「末端」。以毛衣爲例，前端「要推出什麼款式的毛衣」（商品企畫），和末端「銷售成品」（業務）的價值較高，而中端的「製造」（生產、組裝）價值就相對較低。

因此，保留最能創造出公司價值的部分（核心能力），將不擅長的領域或無法產生價值的部分外包出去，是基本的思考邏輯。

外包商與公司員工一視同仁 建立信任關係

我認爲外包商和公司員工應該一視同仁。

如同錄用新進員工時要面試，決定外包商時也要花時間和對方的經營者進行面談，仔細確認是否能夠建立起信任關係。

無論員工或外包商，我都會選擇「理念共通的人」。外包商和員工的差別，說到底只有雇用模式不同罷了。

另外，發包工作給廠商時，跟員工一樣管理要確實，視必要情況進行監督調查，也要保持一點緊張關係。

對方是員工也好，外包商也罷，爲了達成「單憑一己之力無法完成的事」，「交辦何事」並且「如何交辦」是相當重要的。

和合作夥伴們理念相通

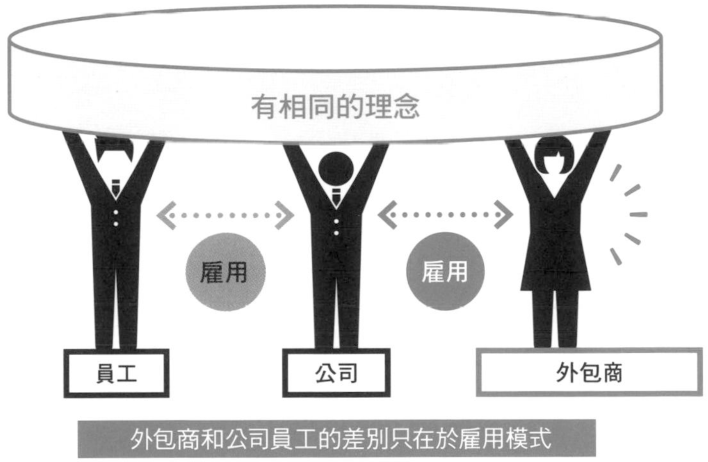

一流主管這樣做

POINT 信任專家

1 現代的企業必須將部分業務外包給其他公司

2 判斷外包標準是「成本」和「核心能力」

3 外包商要選擇彼此理念相通的對象

重點整理

1. 交辦工作給擁有「我腦中所沒有的音符」的人，以實現多樣化。
2. 交辦工作，滿足部屬得到認可的欲望，讓他提起幹勁、具備責任感。
3. 主管應控制情緒的起伏，不流露出過多的好惡和怒氣。
4. 錄用新進員工時，交由第一線人員決定，才會有良好的團隊默契。
5. 想促成公司內部快速而大幅度地活性化，就錄用一群異質性高的人。
6. 把自己不擅長的領域交給專家，自己的時間要用來做擅長的事。
7. 決定將部分工作外包時，以「成本」和「核心能力」為判斷標準。

結語

跨越性別、年齡、國籍的藩籬，仔細傾聽各式人才的意見！

身為管理者，我認為現階段有一位我還遠遠比不上的人，那就是日本生命保險公司的前董事森口昌司先生。

這個人總歸一句，是一位擁有大格局、愛打高爾夫球和麻將、愛喝酒，沒有邏輯可循的上司。（笑）

雖然整天總是一副昏昏欲睡的樣子，但是在工作方面，他卻是相當能幹的主管。

他天生擁有一股強大的「主管氣場」，對於權限的判斷相當準確。假設出席課長會議的「代理課長」舉手發言，森口先生便會大聲詢問：「那是課長的意見，還是你個人的意見，到底是誰的？你有聽懂課長的意見嗎？除非你手上有『全權處理委託書』，否則就不要說是代理人。如果這是你個人的意見，那就閉嘴！」

我還無法達到森口先生的境界。為了讓Lifenet生命保險在一百年後成為世界第一的保險公司，我會持續地「跨越性別、年齡、國籍的藩籬，去傾聽各式各樣人才的意見」。

因為企業唯有保持多樣性、異質性，才得以在全球化的社會裡不斷地成長。

感謝各位耐心閱讀拙作。

一起來　思 004

不要菁英，用平凡人做非凡事！一流主管教科書

図解 部下を持ったら必ず読む「任せ方」の教科書

作者　出口治明
譯者　郭欣惠、高詹燦
責任編輯　楊惠琪
製作協力　蔡欣育
出版指導　曾祥安
社長　郭重興
發行人兼出版總監　曾大福
編輯出版　一起來出版
發行　遠足文化事業股份有限公司
www.bookrep.com.tw
地址　23141 新北市新店區民權路 108-2 號 9 樓
電話　02-22181417
傳真　02-86671065
郵撥帳號　19504465
戶名　遠足文化事業股份有限公司
法律顧問　華洋國際專利商標事務所　蘇文生律師

初版一刷　2017 年 06 月
定價　280 元

國家圖書館出版品預行編目 (CIP) 資料

不要菁英，用平凡人做非凡事！一流主管教科書 / 出口治明著；
郭欣惠，高詹燦譯 . -- 初版 . -- 新北市：一起來出版：遠足文化發行，2017.6
面；　公分 . --（思；4）
譯自：部下を持ったら必ず読む「任せ方」の教科書
ISBN 978-986-93527-5-8(平裝)

1. 企業領導 2. 組織管理
494.2　　105018546